Leslie
talks to
animals

Leslie
talks to
animals

Leslie
talks to
animals

Leslie
talks to
animals

Leslie talks to animals
Leslie talks to animals
Leslie talks to animals
Leslie talks to animals
Leslie talks to animals
Leslie talks to animals

Leslie talks to animals
Leslie talks to animals
L eslie talks to animals
Leslie talks to animals
Leslie talks to animals
Leslie talks to animals

Leslie
talks to
animals

Leslie
talks to
animals

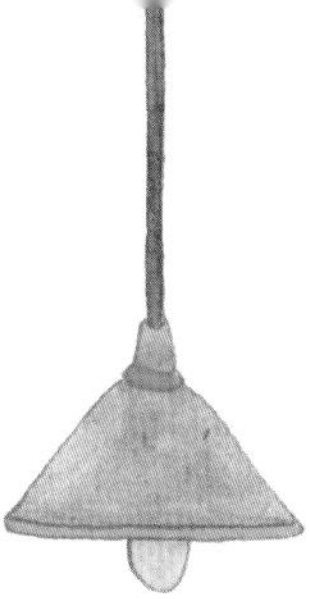

來～跟毛小孩聊天2

最溫暖的情感在日常

動物溝通師
Leslie・著

Contents

前言 009
啊！名字 012
方便做奴隸 015
嗅覺的世界 019
有勇氣跨越恐懼 022
抓出亂嗯嗯兇手 027
跟現實的落差 032
有邏輯的妹妹 035
老大，你願意搬家嗎？ 038
驚慌情緒 044
做大餐的日子 046
看 VCR 049
飼料把費 052
物質與精神 054
環境孕育個性 057
重新生活吧，如意 063
尊重這件事 071
貓老大 073
撿球遊戲 076
貓咪挑食 078
吃的話題當破口 083
Q 比愛舔腳 086
都是看到溫暖面 088

適應哥哥不在的日子 090
至少有我們陪你 099
你可以自己走了喔 105
不吃飯飯的蔓蔓蔣 112
攻擊犬 117
續聊攻擊犬 119
續談貓的狩獵攻擊 121
至親 125
對動物的溫柔 130
害怕水晶燈 132
毛孩子連線時的初反應 137
在家都在幹嘛 141
想要推車 144
重視說話的力量 147
三冠王姆姆 150
分離焦慮 156
我不會說話 159
造反的原因 163
到底原因是什麼 166
彼此的貓生良伴 173
誠實豆沙包 181
獸醫聊動物溝通 184

貓咪，晨型人訓練器 189

毛小孩的神回覆 191

尷尬的職業 194

美麗的誤會 197

最適合的距離 199

從自己改變 204

Q 比是流氓 208

從養到照顧 209

寫給 Wolfgane 212

陪伴的任務 219

人類最難溝通 223

我最愛的就是你 226

我愛你比愛自己多 234

自由的意義 242

遇到天使 246

為喵喵奔走的一日 249

享受一起的生活 254

★ 特別附錄「毛小孩， 大明星」

① 拉查花，可以聊天嗎？ 258

② 阿瑪，可以聊天嗎？ 270

前言

我回頭去翻第一本書《來~跟毛小孩聊天：透過溝通，我們都被療癒了》時，有時候會記起很多我已遺落的事情。

有時我忘記自己曾有過這樣的想法，有時我忘記自己曾有過這樣的心情。

兩本書當中約間隔一年多一點點，對動物溝通這份工作，蜜月期感覺過去了，就如對於其他工作，也出現了不耐煩與小煩躁。

別誤會了，我對毛小孩還是一本初衷地熱愛，只是動物溝通師，說到底還是服務業，而只要牽涉到服務業就牽涉到人，你們知道的，事情一旦牽涉到人，從來就不簡單。

有時開始害怕，自己如果厭倦到極點會不會就此改行？

有時開始害怕，自己玻璃心的體質，面對不愉快的挑戰，能撐多久？

所以當編輯跟我提出「第二本書」這個想法時，我內心沉著了很久。該寫什麼？該記錄什麼？該留下什麼在第二本書？

我一向愛看散文類的生活筆記，那些小片段、小記憶、小故事，總讓我覺得無負擔、很輕鬆，又最能看出這些作者生活上的體悟。

那不如就寫些，以動物溝通為出發點，日常觀察的小事吧，我這樣輕快地想著。

這一次，我想要放輕鬆些，好好地寫，日常生活中，動物溝通帶給我的喜悅與快樂，當然，還有悲傷。

說是當日記寫也好、說是當隨筆雜談也好，這次還是有毛小孩的溝通故事、有我和Q比的趣事，也有各種不一的生活雜談，目的是想要以動物溝通師的角度，為各位呈現出獨特的趣味世界觀。

這本書是我一年多來的溝通日常小事，是吉光片羽，是我放鬆肩膀記錄的細碎片刻。

為了以後不想忘記，為了莫忘初衷，為了我內心鍾愛的毛小孩們，我需要透過文字的方式，記錄下我的初心。

五月天怎麼唱的？「最重要的小事」，這一刻，想跟你分享，動物溝通之於我來說，最重要的小事。

希望你閱讀的時候，也能像我一樣放鬆肩膀，心情逐漸美好起來。

Leslie 2015.8.13 在家喝熱茶享受午後雷陣雨

啊！名字

日本人說「言靈」，意思是語言有祂的靈魂。每一句話都有其力量，祝福有之，詛咒更有之。

所以我一向很看重毛小孩的名字，因為那象徵的是一個祝福與期望，而毛小孩通常也跟他的名字有相對應的個性。

例如我上一本書裡提過的白貓漢考克（註：海賊王中的蛇姬），非常自戀。

例如我有個朋友的朋友養了一隻柴犬，叫「廢柴」，想當然爾，他是個不會定點大小便不會任何指令的柴柴。（汗）

例如這隻虎斑貓，叫「　　」。（容我賣個關子，名字最後公佈）

「　　」是我大學同學家的貓，在帶「　　」回家前，家裡已

經有養一個毛孩子貓，叫牛牛。

「　」剛來時還是個幼貓，還會跟著牛牛。後來隨著細心地照料，「　」體積越來越龐大，

而且，「　」開始霸凌牛牛，諸如：

1.自己的飯還沒吃完就搶牛牛的飯。

2.有事沒事就霸凌牛牛，咬牛牛追打牛牛埋伏牛牛，把牛牛咬得哀哀叫。

3.玩逗貓棒時把牛牛撞開，直接自己上。

搞得後來牛牛都躲在小房間，不願出去遇到「　」。

跟「　」溝通後，「　」說，：「可是我很無聊耶，不咬他我還能做什麼？」

努力交涉後，似乎有平靜一陣子，但沒多久又故態復萌。

後來牛牛，跟著我朋友的妹妹住在另一個家，週末時才回家跟「　」會合。這樣的生活配置才讓朋友與妹妹感覺牛牛明顯地放鬆跟快樂許多。

最後，所有的「　」，請各位帶入「胖虎」這個名字。

以上，名字對毛小孩的影響，希望大家有所警惕。（都市恐怖怪談口吻）

後記：當時我聽到胖虎這名字後，我就說：「這名字一開始就是個錯啊，為什麼好好地要叫胖虎!?」朋友說：「因為胖虎是從水溝裡撈到的，當初好小好可憐好怕養不大，我媽跟我妹就打Skype問我該叫什麼名字，我問我男朋友（現在已是老公），我男朋友就說既然是虎斑貓那就叫胖虎吧！一切就這樣決定了。」（還給我一副大勢已去無奈的樣子）

方便做奴隸

很多人都覺得，會動物溝通，應該可以讓毛小孩萬事如意百依百順，從此生活好棒棒風調雨順。

我只能說事情真的不是大家想的這麼簡單。正如小時候我媽叫我好好念書我也沒考上台大一樣，毛小孩也不是電腦，你一個指令他一個動作。

要理解的是，動物溝通是傳遞彼此心聲，知道彼此的想法，而彼此為了共同生活，適應調整出默契節奏，而不是一味地要求對方「聽你的」，那樣叫做動物催眠不是動物溝通。

怎麼說呢，我覺得與其說動物溝通是方便毛小孩聽話，不如說動物溝通是方便人類當奴才的吧！（笑）

例如我們家Q比，她還是一樣外面有聲音動靜，就要吠叫，她的理由是：這是我家欸，是他們在我家旁邊亂走，有問題的是他們為什麼我要被罵！（完全本位思考非常好！）

她還是一樣不親狗不親人，只親自己家的人，有陌生人要摸她，她還是可能咬人，她的理由是：我又不認識他他憑什麼亂碰我！（有身體自主意識非常好！）

那會動物溝通，對我跟Q比有什麼幫助？當然就是方便我做狗奴才啊～！（苦笑）

遙想當初我學會動物溝通的時候，Q比都是這樣的：（擺手回顧VCR）

「白色的肉！我要白色的肉！」（水煮雞胸肉）

「妳都聽得懂我說話了！快點給我我要的肉啊！」（愛是恆久忍耐又有恩慈）

「妳今天為什麼這麼晚才回來？我等很久耶！」（因為我要工作賺錢給妳買肉）

「快點起床啦！陪我玩！而且我好餓喔～妳還要睡多久啊？該起床了吧！」（我又不像妳整天在家裡睡）

「尿布也太髒了吧！我都不想踏上去了，妳快點去換新的啦！」（愛是恆久忍耐又有恩慈repeat）

又或者也可以用以下兩個日常小事來舉例：

舉例一：說好的食物呢？

某天晚上出門吃晚餐前，Ｑ比一副孤兒怨的樣子要我帶她出門。通常這時候如果不給她一個明確的藉口出門，她就會在門口一直又跳又鬧地要我帶她出門，不出門不罷休。

我說：「我現在出門是去幫妳帶食物回來喔～！」她才在沙發一副認命的樣子趴好。

結果回家後，我丟鑰匙在桌上，一坐上沙發，她立刻像開火車千軍萬馬跳到我身上，聞我嘴巴說：「不是幫我帶食物回來嗎？食物呢？為什麼只有妳的嘴巴有食物的味道！」

現在是搶劫嗎？我不能休息一下再準備妳的晚餐嗎？根本流氓狗。

舉例二：我要尿尿！

有次Ｑ比洗完澡後，我接到她後就放到推車裡面，散步回家，不像以前還會讓她在寵物咖啡廳裡面跑跑跳跳一陣再回家。（註：Ｑ比洗澡的地方是寵物咖啡廳附設寵物美容）

才走到一半，她就在推車裡跟我尖叫：「我想尿尿！」

我說可是我們還沒買零食。（那時要準備過年的零食存糧）

她就說：「我要尿尿我要尿尿我要尿出來了我要尿尿！」

我就一路飛車（走很快帶著推車）走回家，然後大概「我要尿尿」這四個字她跟我尖叫了七七四十九遍直到我們到家。

一到家放她出來她就直奔尿布，尿了大概大半片有。唉唷，還好沒尿在車上。

而且尿完尿後，她還噴罵我，說她洗澡完都一定會直奔（我放在寵物咖啡廳的）尿布去尿尿，怎麼今天不讓她尿尿就放進車子裡！害她很想尿不能尿！

（這樣回想好像的確是，好啦我以後會注意）

（那妳幹嘛不在我放妳進車子裡的時候就說要尿尿）

以上一堆的例子，希望能夠讓你明白，擁有動物溝通技能，真的只是方便你做奴才而已啊～

（淚目望向遠方）

嗅覺的世界

有時候毛小孩的問題行為原因很超出想像範圍。

曾有貓瘋狂亂尿，原因竟是：最近窗戶一直飄來其他貓咪的味道，讓我很氣！很想把我的味道弄強一點、濃一點，讓他們知道這裡是我的！

後來照護人回想，最近家附近的確多了許多浪貓，而且晚上常有打鬥叫囂聲從窗外傳進家裡，也許外面的浪貓也在爭地盤改朝換代，激烈氛圍也影響到家中貓咪也說不定。

也有許多狗狗出門散步有暴衝的問題，他說：「想『聞遍所有的味道』。」聞了這裡、又好怕那裡沒顧到，實在太忙了呀～！

曾有次採訪動物行為訓練專家熊爸，他說：「平常多帶狗散步，除了消耗狗的體力外，狗狗在嗅聞時、不同的嗅覺刺激也可以大量消耗狗的精神力。」當然，狗狗也因為優秀的嗅覺功能而獲得許多工作，包括緝毒犬、檢疫犬。

也有許多的貓狗跟我抱怨，水好難喝好難喝呀～！非到必要他們根本不想喝水。說到這我想起，曾有隻狗叫做咪咪，她說：「樓下的水比較好喝、樓上的水很難喝，我不喜歡！」當下照護人原本以為是樓下的水比較常換、樓上的水不常更換的緣故，沒想到回家詢問媽媽後，媽媽大笑回答：「廢話，因為樓下是ＲＯ逆滲透水呀。她還滿會挑的嘛～！」

沒辦法，貓狗的嗅覺比我們靈敏實在太多太多了，相對於視覺是我們唯一較敏銳的感官，貓狗們認識世界還有嗅覺這個利器，認識世界除了用看的、更必須用聞的，才更真實。

就像去新的美景勝地旅遊，我們會想盡情觀賞瀏覽風光，但毛小孩們，還想用鼻子聞這世界才夠透澈。

從這個角度延伸，我甚至想，這個地球，被我們人類搞得環境糟糕至如此，恐怕也跟我們嗅覺退化脫不了干係吧！如果我們的嗅覺很敏銳，我們一定無法容忍這樣的水、這樣的空氣，也許在工業發展最開始的時候就必須喊停！

因為這樣的水實在太臭了，喝不下去！跟過度強烈的噪音一樣影響健康！

因為這樣的空氣實在太臭了，無法呼吸！簡直多吸一口肺都要炸掉一樣難受！

不同的生理構造、延伸出我們的環境。如果我們的嗅覺功能再好一點，世界會不會也美好一點？我常這樣想著。

有勇氣跨越恐懼

我害怕的事情有很多，雲霄飛車青椒苦瓜蟑螂，碰到害怕的東西，我的原則是：能躲就躲，能閃就閃。雖然有句話說：「最大的敵人是自己。」大概也可解讀為，戰勝自己的恐懼，才是真正的勇敢之類的。但遇到蟑螂我真的無法，我投降，我不可能跨過這一關。

對應到現實生活，有很多情況是我們無法克服恐懼，所以不斷繞道而行，不停逃避該面對的事物，最後搞得一團糟的經驗我想人人都有。

動物呢？狗呢？貓呢？他們遇到害怕的事情，是正面對決還是逃避繞道？約克夏狗Sake選擇正面對決。

Sake有個問題，就是非常害怕剪毛，只要看到剪刀就會極度恐懼誇張掙扎，導致他被所有的美容師退貨，並放話：「要幫Sake剪毛，除非麻醉處理。」Sake也是有年紀的狗了，為了剪毛美容麻醉，真的太得不償失。

Sake是約克夏，是長毛狗，身體也許還可用電剪剃毛，但為了怕毛遮住視線，臉的部分還是要靠剪刀才行。說到這裡，我發現好像還沒提到Sake這麼怕剪刀的原因。

Sake小時候曾被寵物美容的美容師不慎在美容過程剪到舌頭，所以理所當然的，這對幼小的Sake造成很大的陰影。往後幾年，Sake要修毛通常得動用全家三四個人一起壓制，對付一隻小小狗。

直到後來有一次，Sake去看獸醫，剛巧這位獸醫對付狗是採取「威嚇」的手段，又剛巧這位獸醫覺得以他的經驗一定可以治好Sake的恐懼剪毛症頭。一個邊威嚇要剪毛，一個發了瘋地要抵抗，現場的局面就是剪刀從上方下刀，狗從下方張開嘴要咬。結果就是剪到了Sake的耳朵。雖然是很小的傷口，但可想而知，這讓Sake對克服剪刀的恐懼再加深了七七四十九層。（嘆氣）

也上過課，也請教過專家，也做過減敏訓練，可以說該嘗試的手段統統都嘗試了，但在Sake身上就是毫無效果。走投無路的地步下，照護人想試試看動物溝通，期待可以減少Sake對剪毛的恐懼。

在尚未得知 Sake 背景前，我詢問了 Sake 對剪刀的印象。

Sake 給我「看到剪刀就發了瘋害怕」般的恐懼，很想掙脫、很恐怖。

我跟照護人形容：「這樣說有點極端，但現在的狀況就像要說服一個被強暴過的女生交男友一樣，再怎麼說服她這個男生人很好、很善良，但還是無助舒緩恐懼。」

我們現場鬼打牆了一陣子。不管講什麼，Sake 都只有恐懼。

我一度為 Sake 可憐，我想著，被強迫要克服自己的恐懼，真的很辛苦。「我自己都做不到的事情，我怎麼能要求一隻小狗。」我中間一度瓊瑤戲劇性地這樣想著。

可是我知道一定要試著說服 Sake，因為他年紀漸大，根本不可能為了剪毛這種小事麻醉送美容院，而且長毛狗真的不可能不修剪，除了美觀問題更有衛生感染的考量。

思考了一陣，我態度稍微強硬起來，說：「那麼，不給把拔馬麻剪、就要給醫生剪，或是不認識的哥哥姊姊剪，你要哪個？」

至此 Sake 沉默了，我想他理解到我語氣中的無可奈何和不得不，我感受到他開始認真沉思可能性。

「因為太討厭這件事情了，但又一定要做的話、不如給最愛的把拔馬麻做。」Sake 給我這樣的認知。

「其實剃我身體的毛，我看不見無所謂。眼睛前面的毛，可不可以給我吃很多很多肉肉，我心情很好以後，遮住我眼睛、快速地剪？這樣子我就可以。」主動提出方案的Sake有點怯生生地說。

現場，我們嘗試跟寵物咖啡廳附設的寵物美容室借了寵物美容剪刀，嘗試性地剪下了Sake三撮毛（身體的）。Sake拔麻對此無比驚訝，因為這是前所未有的。

「以前只要要剪毛，Sake都很害怕、我們也很緊張，根本不可能順暢地剪下他的毛。」Sake麻驚訝地說著。「而且我們一直以為減敏訓練，就是剪一刀後，吃一口肉。我們完全沒想過要先給肉，好，我們今天回家就試試看。」

回家後，照護人照著Sake的願望，先吃一口雞肉，再剪一刀，再吃一口雞肉，再剪一刀。他們終於如願多剪了幾撮毛，還錄影給我看，完全沒有之前的激烈掙扎跟恐懼。我想，這就是動物溝通師最開心的時刻了，幫助毛小孩跟照護人有更美好的生活。

那一陣子，當我遇到生活中過不去或是難以面對的阻礙時，我總想起 Sake，我想著他為了家人生出的，面對剪刀的勇氣。

我期許自己也有那樣的勇氣，面對生活的挑戰。

抓出亂嗯嗯兇手

「其實我今天來沒有別的願望，我只想知道誰在我衣服上大便。」朋友A冷靜地說。A是個工作努力，經營的餐飲品牌也小有規模、口碑良好的聰明人。對比起她工作上的果斷聰穎還有掌管旗下員工的氣勢，而今卻為幾隻貓不知誰亂大便而深深苦惱，我不禁竊笑。（壞！）

貓咪亂大便很多人會直接傾向導為「情緒發洩」，上班晚回家、疏忽關愛、想引起注意力之類的，但我覺得還是親口問問這些毛孩子才算數。

「好了，是誰啊～？」我對著5貓照片這樣開口。其實之前是聊過的。

虎斑茶茶是家裡最活潑、最愛管事的，同時也是家中的公關貓，負責撒嬌。橘白貓小橘個性較愛強，喜歡和虎斑茶茶追著打，最近也喜歡黏著玳瑁妹妹一起，似乎有移情別戀的傾向。

玳瑁妹妹個性比較害羞，但脾氣甚好，平常愛跟黑貓克克一起，但和橘白貓小橘也可以、虎斑茶茶也可以，是個好相處的妹子。

黑貓克克是個脾氣倔強的孩子，不算愛跟貓混，但喜歡跟人一起，撒起嬌來立刻讓人融化是黑貓獨有的魔力。

橘貓蛋黃呢，嗯，跟貓沒什麼往來，偶爾打架，極度怕生慢熟，大部分時間活在自己的世界裡。

照慣例，這些個性與相處細節，都是上次在A未開口前，經過5貓互相口（ㄅㄠˋ）述（ㄩㄢˋ）聊出來的。

「好了，到底是誰在媽媽衣服上大便？還專挑特別舒服的衣服（註：就是最貴的那些），搞得你媽大失血。」

一片沉默，欸，大家是說好一起開靜音模式嗎？好，不是沒有預料到，但大家各個沉默是金，

那就莫怪我一個一個拷問了。（戴上壞阿姨面具）

「茶茶！是你嘛！」第一個就先拿公關貓茶茶開刀，想他親人愛撒嬌，應該是個好破口。「我沒有喔，不是我。妳幹嘛要先問我不問別的貓？」茶茶一副我冤枉他的不依口氣。

「小橘、是你嗎？」「我哪有，這種事情我不會做的。」小橘邊回答邊舔著手洗臉，完全事不關己貌。

「妹妹～老實說，是不是就是妳？」「不是我啦～～～～」妹妹帶點嬌嗔的語氣回答我。

「那……克克，是你嗎？」「……」克克一陣沉默。「克克，偷偷跟姊姊說沒關係，在衣服上便便的是你嗎？」我繼續保持語調溫柔地再接再厲。

「嗯……是我喔。」克克帶點怯意地回答我。

太好了，終於有貓願意自首，我感動到簡直想放鞭炮，原以為今天要變成無頭公案我好緊詹。（手掌滴汗）

「好好的，為什麼要亂大便在衣服上？」我試圖語氣溫柔一點，不要嚇到兇手。「因為我最近大便大不出來……但我喜歡愛用的那個廁所（無蓋靠牆），又有髒髒，我大不出來要蹲好久、又要在臭臭髒髒的地方，我不要啦！」克克最後帶點任性語氣地這樣回答。

把話轉達給A並把廁所的樣子、位置畫給A看後，A說：「克克的確是家中水喝最少的小孩，家中有幾個廁所，我知道他愛用的那個，跟妳畫的一樣。」

「好，那我以後勤清廁所、還有幫他解決便秘的困擾，拜託他就不要動我衣服的主意了可以嗎？」我轉達給克克後，克克回答：「沒有不舒服、廁所又乾淨，我幹嘛去妳的衣服大便。」一副我們問了蠢問題的樣子啊，這個可惡的克克。

「那你幹嘛要挑衣服下手？大在地上不行嗎？」我幫A補槍問克克。

「就大不出來不舒服啊，我想在軟軟的、我安心的、舒服的地方蹲啊，這樣才大得出來。」糟糕，怎麼好像有點道理，為什麼克克這麼會吵架啊～（捏碎玻璃杯）

大概一週後，我去信問A，衣服還有沒有慘遭毒手？

A說：「最近都沒有了～！看來真的是便秘，感謝妳啊～！（大哭）真的沒有妳說我也看不出來，最近都太少時間觀察他們了。」

「後來才想到因為最近幫克克他們換了無穀餅乾，應該是因為這個原因所以他們出現以往沒有的便秘情況。如果不是妳說我還真沒時間觀察到，也沒想到。」A下了這樣的結論。

貓多口雜，不知道誰亂大便這種無頭公案你家也有嗎？試試看從觀察誰水喝得少、是否便秘下手，也許兇手就呼之欲出了喔。

跟現實的落差

其實動物的視角跟我們的視角差滿多的，所以他們感受的東西、或是描述的事情，對照護人來說，常常會有「我真的不知道你在說什麼」的荒謬感。

例如有貓跟我說：「我家常常會有鳥喔！很多鳥！在天空亂飛！」我聽到當下就覺得很不妙，因為這不是個正常家庭的狀況啊，誰會在家放鳥又放貓，沒事搞飢餓遊戲玩呢是不是？（左手心拍右手背）

但身為溝通師就是要坦誠老實地說出所有接收到的資訊。（你焉知道人家家不是開鳥園呢是不是～？）我丟出訊息後，照護人果然立刻扶額，她說家裡從沒養過鳥！頂多窗邊給貓看看就算了怎麼可能養鳥，阿彌陀佛！

於是我再問貓，你看到的鳥，是什麼樣子呢？「就是這樣啊！」貓咪沒好氣地把圖片給我。

嗯，咖啡色的羽毛，旁邊還有紅色的，還有聲音。

我如實形容給照護人以後，她說是最近新買的附有透明釣魚線的伸縮式釣魚竿逗貓棒。「那個羽毛飛起來的時候會旋轉，真的很像鳥在飛！」照護人傳神形容。

好，我聽不是很懂，但根據這樣一對照，照護人說：「他真的很愛這個，每次一看到這個逗貓棒，殺氣真的不一樣。」

所以，鳥＝逗貓棒。得證。

或是有隻虎斑貓曾經跟我說窗戶外面有虎斑貓每天晚上要跟他決鬥，他很氣，說那個貓看到他都齜牙咧嘴的很不客氣，叫那個虎斑貓不要再來了！照護人聽了很驚恐，因為她家住12樓，是淒厲鬼貓嗎？後來研究一陣後發現其實根本是她家貓咪自己在窗戶的倒影。（上本書也有提過）

或是有狗跟我說每隻狗都很討厭，他說：「每隻狗都好恐怖，他們都想咬我我好怕！」但殊不知事實上是他一看到每隻狗都開啟自動吠叫功能。問他為什麼要這樣，他說：「我很怕啊！

要先嚇嚇他，他才不敢靠過來」（照護人扶額）

或是曾有隻貓，跟我說：「我有個咖啡色的圓窩，蓬蓬軟軟的很舒服喔！我每天都會在那上面睡覺，但最近我都找不到那個窩了！還給我啦！」

照護人想半天，現場實在不知道貓在說什麼，也跟貓咪要更多線索，諸如「平常都擺在床上」「我躺在上面睡很久了」，只是越講越迷糊只好先跳過。（不然難道要光講這個窩就講到凌晨都還沒結果嗎我的小祖宗）

但是回家後，照護人傳照片問我：「妳看到的東西，是這個嗎？」照片是兩隻貓，窩在像是咖啡色的「軟骨頭」圓墊上。

我說：「就是！圓圓的、蓬蓬軟軟的！這到底是什麼？」

照護人：「就我的被子……只是我最近都沒疊，平平地鋪在床上所以他們找不到……」

講這篇的目的是，以後動物溝通時，如果溝通師一時半刻給的東西跟現實不符或找不到，先別急著把溝通師鞭數十驅之別院上天有好生之德阿彌陀佛，想一下或是對照一下，可能答案就出來了啊各位施主～（雙手合十）

有邏輯的妹妹

常常要毛小孩妥協問題行為或是有什麼需要他們做的，都是用交換條件搞定，運氣好的話他們會答應，然後我們留校察看回家觀察。這次聊一個灰貴賓妹妹，個性嘛，就是豌豆公主，世界級的。（但可愛程度也是）

這次溝通本來是希望她與另一位生活伙伴，法鬥犬 BooBoo 和好，因為妹妹很討厭 BooBoo，只是太靠近她她就要兇人家，造成，嗯，家庭氣氛不是太和諧。

「而且荒唐到，BooBoo 用過的水碗，妹妹就不用、吃過的餅乾妹妹也不吃！」妹妹馬麻說。一跟妹妹聊以後，妹妹立刻噴罵：「我就很討厭 BooBoo 啊！是我先來的耶我馬麻是我的什麼都是我的！」（註：BooBoo 是男友養的狗）

後來我就跟妹妹麻開會，想著要怎麼樣說服妹妹喜歡 BooBoo。

「妳不是最喜歡吃那個零食嗎？給妳多一點零食妳跟 BooBoo 好一點好不好？」

「我不要！」

「妳最愛馬麻了對不對？那妳多喜歡 BooBoo 一點，馬麻就更常回家陪妳好不好？」

「我不要！」

不管是多吃零食、馬麻多陪她，各式各樣的正向引導利益交換，都被妹妹打槍，無奈之餘我說：「我看這樣好了，妹妹不是很愛出門嗎？跟妹妹說有 BooBoo 就可以多出門，所以要多喜歡 BooBoo 呀～！這樣才可以常出門！」

「好啊好啊！妳快跟她說！」妹妹麻催促。

聽起來很順對不對～？邏輯很順對不對！

結果妹妹回我：「為什麼沒 BooBoo 我就不能出門？我一直都自己跟我麻出門的啊！那我更討厭他！討厭他！」（大抓狂）

媽啊，根本神邏輯的超展開啊，我現場整個嚇慌，妹妹完全不按腳本走耶，她自己延伸出全新邏輯，而且似乎還滿合理。（？）

結果最後場面完全失控，後來就談判破裂，乾脆放棄討論這件事了。（菸）

動物溝通只是輔助談判，能不能成功還是要看毛小孩的意願，我想妹妹心中真的極度討厭BooBoo，所以談什麼都是不不不不不，根本沒有妥協的空間。

人也是這樣的吧，當討厭的情緒濃厚到一個極點，自然是耳朵關起來，沒有妥協空間了。

老大，你願意搬家嗎？

動物星球頻道有個節目叫做《大遷徙》，主要是紀錄非洲動物大規模遷徙的景況。肉食動物逐草食動物而居，草食動物逐草而居，草逐水而居。所以每當河流改道，或夏旱，動物就被迫遷徙找尋新的奶與蜜之地。

對動物來說，每一次的遷徙，都等於賭命。遷徙的過程充滿不安定，不僅充滿肉食動物的威脅，更是拚上一身體力的賭注，所以常常遷徙後，動物的數量是原本的$\frac{1}{2}$，甚至$\frac{1}{3}$。這樣對於遷徙的恐懼，深深刻劃在動物的基因裡。

所以坦白說，想要詢問動物是否願意搬家或是否願意住寵物旅館，動物的意願大多是否定的。因為對未知恐懼，因為對遷徙恐懼。

但咪咪是個很特別的案例。

「這個家啊，我是老大，因為我是最先來的。」跟咪咪一對上眼後她從容地說。

「那妳可以跟我說，妳跟家中其他四隻貓相處的情況嗎？」我畢恭畢敬地詢問貓老大，多貓家庭，直接問貓老大家中其他貓的個性、相處情況，也是可以應證連線的好方法。

「我其實沒跟誰特別好，我過我自己的。摩卡跟踢踢很愛來弄我、很煩。噗噗就是個喜歡四處捉弄別人的小屁孩、誰他都要弄一下、玩一下，也很煩。」

「那黑貓珠珠呢？」我接著詢問。

「珠珠很安靜、我跟她比較好喔～」咪咪聊起珠珠的時候，語氣有帶一絲親暱，我想連她自己都沒注意到。

把這些聽完後，我一次回報給照護人，照護人連連點頭，她追問：「對於摩卡跟踢踢這樣弄她，可以接受嗎？還有像我們現在這樣把她放在房間、只有她自己，她可以嗎？」

「摩卡也就算了，我覺得摩卡是想當老大所以不斷挑釁我。可是踢踢真的很煩，他會用各種方式追打我、咬我、抓我，看到我就不肯放過我，我每次都被他弄到很氣！現在在這個房間、看不到他們很好啊！只是我覺得這個房間很小耶！」咪咪一口氣罵完，看來真的對於這對「惡魔黨」的糾纏，很受不了的樣子。

「我知道隔離房間是委屈妳了，那，之後帶妳到姊姊住的地方好不好？以後生活只有我、妳、哥哥，就我們三個好不好？」照護人語畢後，拿出手機內的照片給我看，照片顯示一個新穎的室內空間、通風明亮。

「這地方我去過一次啊，不錯！以後都在這邊生活嗎？很好啊！我可以喔！其實我也希望珠珠可以一起來，這樣我比較不寂寞，可是珠珠比較膽小，我怕她不能承受。」咪咪看到新家照片後，立刻心領神會，而且似乎一點都不排斥到新家展開新生活。

「我可是一隻到哪裡都可以迅速適應環境的貓咪。」咪咪給自己的個性做這樣的描述。

「珠珠的確比較膽小怕生，姊姊也是怕讓她來新家她會嚇死四處躲，一番好意可能對她來說是不能承受的壓力。」照護人與咪咪有志一同。得到咪咪確實的同意後，照護人臉上神色明顯放鬆，我問：「今天最主要來就是想聊這個嗎？」

「對啊，因為咪咪畢竟是年紀最大、地位最高的，要搬遷她內心很過意不去，怕她不能適應，怕新家只有她一隻貓，她會寂寞得憂鬱症，也很怕她會很氣這個家的領土要拱手讓給那兩個惡魔黨，但既然她自己說ＯＫ，那我就放心多了。」

之後我們陸續聊了四隻貓之間的愛恨情仇。

踢踢深愛著噗噗。

噗噗也喜歡踢踢，但覺得踢踢一直要舔他很煩。（噗噗眼中的踢踢、跟咪咪眼中的踢踢，根本是安立奎和胖虎的差別）

珠珠活在自己的世界裡。

摩卡覺得自己才是家裡的老大。（你根本充其量只是二當家啊，魂旦）

回家後的隔天，照護人寫信給我：

親愛的 *Leslie*：

昨天我利用晚餐時間帶咪咪到７Ｆ練習，想說給她罐罐讓她對７Ｆ的印象很好。

原本預計待個40分鐘，沒想到她吃完罐頭，巡視了環境後就自己躲進沙發後面了。但神色很自然，也會呼嚕呼嚕，雙手也收起來地趴著。我只好把她一個人留在家裡，自己出門教學生。

兩個多小時後回到家，她就開始撒嬌，側翻肚子了，我想她已經很明確地表達了自己的心意（只是沒想到竟然那麼乾脆，真的非常開心）！

所以我們兩個都很謝謝妳，爸爸、媽媽上來看她時（妹妹用skype跟我們連線），看見她已經放鬆地躺在沙發上時都很開心祝福了咪醬醬。謝謝妳讓我放下心中大石，可以帶著咪咪一起生活，讓她接下來的日子裡只有人類的寵愛，沒有惡魔黨的騷擾，真的是很棒。

PS. 昨天已經把4F交給摩卡管理了，我特別對他說要好好照顧這個家，知道家中誰是老大後真是開心，叫他管就好了啊（撒花撒花～），反正踢踢就忙著戀愛就好……

最後獻上咪咪搬家記幾張照片給妳，謝謝妳！

我以為動物對於搬家都是戒慎恐懼的，但我卻忽略了，如果原生地生活得很悶，那當然能越快逃離越好啊！

整天家裡有惡魔黨的糾纏，還被迫隔離在小房間，我想我能理解咪咪的無奈，以及能到新天地生活的快樂。

知道因為溝通後，大家都可以獲得想要的，都可以活在自己的理想生活中。

大家都很幸福，真的是太好了。

驚慌情緒

家裡有毛小孩的人應該不難發現，毛小孩很容易被我們的情緒感染，也常常會有人說：「我家的貓／狗，特別容易被嚇到。」

而在所有的情緒裡面，最容易感染的情緒是「驚慌」，只要人類驚慌，動物一定跟著連動。貓咪可能立刻躲到暗處嘶嘶叫，膽子小的狗可能也躲到暗處皮皮剉，膽子略大的狗可能開始吠叫，為什麼驚慌這麼容易傳染？因為對動物來說如果周遭的動物驚慌，這是最重要的逃生警報。

以羚羊群舉例，如果有一隻羚羊突然驚慌亂竄，你最好也要立刻不遲疑地跟著亂竄，因為竄得慢了點下個喪命的可能就是你。「跟著驚慌」對動物來說，是求生機制很重要的一個設定，因為那很可能保他一條小命。

那一陣子我經常在思索這個議題，很有趣的是，那時也碰巧遇到朋友邀請我參加西薩狗教官來台灣的演講，意外發現他也提出類似的想法：「狗直接受到主人能量的影響，他們需要穩定而平靜的能量。所以一旦主人緊張或憤怒，狗會直接感受到或是直接被傳染到且顯示在外在行為。（吠叫、攻擊、興奮）」

那天的現場示範裡，如果是西薩牽狗，狗就乖順異常，但只要還給主人牽就作威作福難搞又麻煩，吠叫興奮蹦蹦跳跳。

西薩說：「對狗來說，不同的人就是不同的能量，他們直接受能量的影響。意念誕生情緒，情緒誕生能量。」他也強調，狗所有的問題行為源自於不安全感，不安全感帶來恐懼，恐懼帶來憤怒，憤怒帶來攻擊。所以主人需要給狗帶來穩定平靜的氣場，讓他安心。

接觸動物溝通以來，我覺得狗與貓和人類的幼兒（或Baby）有一個非常明顯的共同特徵：對人的情緒、氣氛，感受非常強烈與敏感。試想一下父母吵架，不久後就可以聽到嬰兒哭聲。為什麼？因為他感受到不平衡的氣場與不安。

試試看盡量保持穩定的情緒吧，你會感受到毛小孩的改變的。

做大餐的日子

在日劇《家的記憶》中，男主角覺得煩悶不安時，會走進廚房為家人製作料理。

而我，我有個症頭，就是只要聊完重病的毛小孩以後，就會做大餐給Q比。

今天為Q比做的大餐是奶油香煎牛排。

燒得熱燙的平底鍋，發出騰騰熱氣，切一塊扁平奶油，滋～～地作響，滿室芬芳奶香。

剛剛晚上聊的是之前曾聊過的黃金獵犬。我太喜歡她了，原諒我甚至不想寫出她的名字，因為那樣我好像要正式面對她離開的事實，即使我沒養過她一天。

奶油緩緩融化在平底鍋，化為金黃色汁液，我趁機把牛排放下鍋，並轉小火緩慢煎著，一種特有的蛋白質焦化的氣息滿室，把Q比從她的睡窩中勾起，我聽到小小細碎的腳步聲由遠而近，一團白球在我的腳邊繞著。

一見面沒多久，照護人含著淚光說醫生說，可能就是這幾天了，她很怕她受太多苦。她哽咽著說：「前陣子在半夜的時候開刀，大量內出血。」

我想著：「怎麼會這樣，我不是去年才跟她聊過天的嗎？她不是還是個開心果、好孩子，為什麼這麼快她就要離開我們了。」我的內心焦急又痛苦。

所有的毛小孩，我是說我聊過的所有的毛小孩，對我來說都是認識的、愛著的毛小孩。他們受苦、他們難過，對我來說，就像是一直看護著的鄰居小孩生病受傷一樣，一起焦急。

我問她還有什麼願望嗎？想吃什麼？她說想多看看爸爸，想跟爸爸在一起。說這陣子姊姊都跟自己躺在一起睡覺，她很喜歡這樣。

叨絮說了很多，還說了每一天她都非・常・開・心。

我們沒有聊太多太久，她就說她很累了，我旋即斷線，不想耗費太多她的精神力。

毛小孩的生命遠比我們想的要短，看起來風平浪靜，但又有時候三兩下殺得我們措手不及，忽地一聲就 say goodbye 做小天使去了。我想要在她能享受的時候，盡量對她好，不要她渾身不舒服，不能出門了，沒有食慾了，我才想帶她去草地跑跑，做好吃的給她。

奶油香煎牛排起鍋了，我拿刀子幫Q比切小塊，太大塊她啃不了。邊切的時候、肉香邊四溢著。Q比在我腳邊躁動不安地轉圈，其快速的程度我幾乎懷疑她要轉圈到起飛了。

我小心翼翼地把切細塊的牛排放進Q比的白瓷碗，把Q比抱起來撫摸著她的毛髮度過一些時間，因為我想等牛排放涼一些再給她吃。

放下碗後，看著Q比大快朵頤奶油香煎牛排，我的心柔軟地近乎悲愴。

真的好想多愛妳一點，在還來得及的時候。

看VCR

動物溝通時，毛小孩給我資訊的方式通常有四種：言語、圖像、感受、影片。

言語是最常使用的，「心」則是我們溝通的管道，他們想說的話，會透過我的心傳送給我。香港的動物溝通師也習慣用「傳心術」來講動物溝通。

圖像是第二種常用的，我常利用圖像的溝通方式，與照護人確認一些生活細節，例如愛吃的食物、愛躺的窩、家中的格局。

感受是最少用的，一來不是每個動物都會利用這樣的方式溝通，

再來就是傳送感受對溝通師來說是較疲累的方式，因為不是每種感受都是快樂的。它可能是悲傷、憤怒、寂寞等等負面情緒，這對溝通師來說是比較耗損精神力的。

最後就是影片，有時候傳送過來的畫面是動態的，像是用「動物的主視覺」看到的回憶影片。影片不是很常運用的溝通技巧，看到影片的方式，有點類似哈利波特進入到佛地魔的「蛇眼」裡面，用主觀視覺來看事物。透過影片，看到的事物都是仰角，因為毛小孩都小小的，他們看到的家具大概還要再放大好幾倍。

有趣的是，毛小孩也會挑選對自己有利的影片播放，例如波比這次的溝通。

波比麻：「我想問波比對這隻貓小襪子的想法？」（遞手機）

波比是隻橘白貓，小襪子則是隻黑白貓。

看到影片：小襪子黑黑的大屁股在面前一搖一晃地往前走，波比很仔細小心地跟著，逐漸逼近逐漸逼近，小襪子的屁股越來越大，時間點一到，用「大鵬展翅」的方式撲到屁股上狠咬一口。

我：「喔～波比很愛跟蹤小襪子耶，然後再狠狠整隻貓撲上去咬他屁股，波比說這樣超好玩的，他最愛這樣玩。」

波比麻：「那他有給你看後面的畫面嗎？」

我：「什麼後面的畫面？沒有啊，他只有給我看到這裡。」

波比麻：「因為通常都是他先這樣找小襪子玩，然後最後就會咬輸，被咬得哇哇叫落荒而逃。每！一！次！」

「所以他是只給妳看他很威風埋伏人家飛撲上去狠咬的樣子就是了，後面尖叫打輸的畫面妳都沒收到。」

我：「對，我只有看到他很威風的樣子。」

不是常說媒體決定了觀眾看什麼嗎？媒體是資訊的守門人，我想動物溝通也是這樣的，動物是自己的守門人，自己決定想給溝通師看什麼畫面。想到波比很努力地維護自己威風形象的樣子，就不禁啞然失笑。

飼料把費

許多毛小孩都喜歡把乾乾（飼料）挑出來吃，像天女散花一樣撒一地，再挑幾粒喜歡的吃，徒留一地杯盤狼藉給照護人收拾。

這樣的壞習慣讓許多照護人頭疼，但通常會有這樣壞習慣的毛小孩，都有一個共通點，就是他們都是吃「飼料把費」。他們常說：「我想挑脆的吃，脆脆的比較好吃，裡面有好多已經軟的不好吃，脆脆的比較香。」（估計有些飼料已受潮，所以有些咬起來口感較軟）

飼料放在那邊吃到飽的好處是不怕自己晚回家，毛孩子餓到，但缺點是一來容易招螞蟻或是放久了不新鮮，導致食慾變差。

而飼料 buffet 這件事背後還有更大的問題是，不容易觀察到毛小孩的食慾狀況。

其實毛小孩若不舒服，從吃東西的狀況最能觀察，是否不吃、食量變少之類的，那是最直接的警訊。當然我們也可以觀察飲食狀況、排泄狀況（是否吃少拉多或吃多拉少之類的）。最後就是定時定量也不容易過胖。

任何動物一生說穿了就是吃喝拉撒，希望在「吃」的方面，大家可以幫助毛孩子做到定時定量這件事～（苦口婆心）

PS. 如果真的做不到定時定量，也至少飼料不要放隔夜，才能確保毛小孩吃的是新鮮飼料。（不要低估台灣濕悶氣候容易發霉的程度）

物質與精神

小時候看美國影集《X檔案》，外星人都是用「意識」在溝通。眼睛對一下，就可以知道彼此在講什麼，好厲害。外星人長得都一樣，頭大大的身體小小的，他們好像不在乎外表。我在想，也許高階的生命型態，已經不受外在型態，也就是「物質」的束縛了也說不定。

而人類的文明感覺也一直在往這樣的方向邁進。除了我們現在正在探索、喚醒的動物溝通本能，還有另外一個簡單的舉例，就是資訊的媒介方式。

從人類的發展紀錄來看，我們資訊的傳承交換，需要透過刻劃在某件物質上才得以傳遞。從壁畫、板畫、雕刻、竹簡、絲帛再進展到我們熟悉的紙媒介。

資訊的互通有無，必得要靠物質的媒介。

但現今資訊早已是透過電子媒介在傳輸。

以往寫一本書，需要字字句句用筆寫在稿紙上。但現在稿子用電腦打、打完後用雲端系統傳送給編輯、編輯再傳送給美術設計和印刷廠，「物質形態」的完稿成書，往往是最後一分鐘才看到。像文字這樣的意識紀錄，看樣子也逐漸在往屏除物質的路上靠攏。

說起來，物質是最不可靠的東西。物質需要併吞其他物質才得以壯大、延續。舉例來說就是動物需要喝水或吃植物或吃肉，物質必得要併吞掉其他物質生命，才得以延續自己。

但精神意志（spirit）不用。精神意志會因為物質（肉體）慾望的滿足或不滿而或興或衰。或是也可以不受物質的影響，一切唯心造，這是另一個修行的境界。

而且相較於代表物質的肉體必得衰敗腐朽氧化，精神意志卻是永恆不滅的。這一個肉身用完、再往下一個肉身邁進循環。靈魂是肉身的驅動程式、而肉身則帶領靈魂進入下一趟冒險旅程。

也許外星人已經認清這點，所以不會在乎物質（肉體）的狀態，也不會在乎物質（肉體）的性別。

講到這裡，又想再把同性婚姻的事情拉進來一起講一下。真的相愛且圓滿彼此的是靈魂不是肉體，靈魂沒有性別，所以不應該被肉體的外在形象侷限住。因為什麼肉體啦物質啦，這一切都是虛幻的，精神，精神才是永恆的。

而從精神到物質再回歸到精神，就是一個生死生的過程。這一段過程裡面，精神透過物質的鍛煉，收穫了什麼又改變了什麼，像是回到原點卻又是另一個起點。

像蛇吞著自己的尾巴，成為一個圓。

沒有頭尾之分，終點就是原點，原點就是終點，如此循環不斷，生生不息。（現在是要傳什麼詭異的宗教了嗎？）（住手你毀了這篇文章）

環境孕育個性

有一天晚上我百般無聊在轉電視時，被動物星球頻道的一對蠍子吸引。旁白解說：「拍攝昆蟲是極其困難的事情，因為昆蟲不像其他動物可以用設計或訓練的方式做出想要的動作，想拍到期待的動作，只能靠『等待』。」

而那天需要的畫面是拍攝「蠍子求偶舞」。

公蠍會先把精莢放在地面，之後公蠍會用螯夾住母蠍的螯，雙雙卡住以後，會經過像「探戈」一樣的前進後退舞蹈，目的是把母蠍推往堆放精莢的地面。把母蠍推過去後，讓精子進入母蠍體內就完成交配，公蠍母蠍就會分開。

旁白說明：「沒有經過跳舞，交配是無法成功的。而想要拍下蠍子跳舞，你要先給他完全黑暗的環境。因為蠍子只願意在黑暗的狀況下交配。想要昆蟲做出你要的畫面給你拍攝，方法就是你要先提供給他那個環境。」

蠍子交配的前提是：1.全然黑暗的環境，2.足夠寬敞的空間跳舞。

他們把全場燈關掉（神奇的是蠍子在黑暗下會有天然的螢光，所以完全不阻礙拍攝），並前後換了幾隻公蠍給母蠍（母蠍一共打槍三隻公蠍），才完成拍攝。

「原來想要動物做出期待的行為，前提是先營造適合的環境給他。」我內心反覆咀嚼這句話，迴盪不已。

那我前陣子溝通的害羞鹿鹿，就是這句話的活課本吧，我想著。

鹿鹿是一隻短毛黃色的米克斯，因為圓圓的大眼睛加上纖長的四肢極像一頭可愛的小鹿，所以取名「鹿鹿」。鹿鹿的個性非常害羞怕生，出門都夾著尾巴，有時甚至嚴重到低伏著地面不敢走動。

雖然照護人可以理解：「動物溝通不是催眠，不是講幾句話就能改變毛小孩的個性。」但她還是希望可以透過動物溝通，讓鹿鹿跟她的生活更順利。

鹿鹿主要溝通的狀況有三：

1.鹿鹿非常怕社區的警衛伯伯，怕到會發抖的地步。
2.早上特地帶鹿鹿出門尿尿，她會拒絕上廁所，讓趕著上班的照護人非常頭痛。
3.晚上出門散步時，會害怕到無法走動無法前進。

分別問了鹿鹿這三件事情的原因，鹿鹿都給了很有（ㄅㄟˋ）趣（ㄌㄢˋ）的答案。

關於看到警衛伯伯會發抖，鹿鹿說警衛伯伯會罵她。我聽到的當下感到很詫異，因為任何一個在乎飯碗的警衛，都不會當著社區居民的面兇她的狗吧？

詢問照護人後，照護人笑說，因為警衛伯伯很喜歡鹿鹿，所以可能看到鹿鹿講話都很大聲、還想舉手摸她，才讓鹿鹿有這樣的誤會。

我：「那是不是跟警衛伯伯稍微講一下，請他看到鹿鹿稍微冷靜一點～？」（笑）

照護人：「好啊，下次試著跟警衛說說看。」

關於早上不肯尿尿，鹿鹿竟說：「我一起床就被帶出門，尿不出來呀～！我想要在家裡玩一陣子以後再出門。」

雖然聽完我覺得荒唐，也只能據實以告照護人，表達：「早上，鹿鹿的尿意需要在家醞釀一段時間才尿得出來。」（然後我就看到照護人一臉很想捏碎玻璃杯的臉）

關於晚上出門散步不肯走路，鹿鹿說：「晚上出去時，不喜歡走車子很多那段。但是走一走以後，後面就不會有車子喔～！我喜歡那一段、我可以走那一段！」

我問鹿鹿：「那有車子那段抱妳好嗎？」鹿鹿又回：「可是我很怕高～我不要啦～！」最後照護人跟鹿鹿用：「那一段我們一起走快一點、快速通過。」達成協議。（我真的好佩服她的耐性，我覺得我對Q比恐怕都沒那麼恆久忍耐又有恩慈）

之後照護人回家，陸續跟警衛溝通、調整早上出門時間、以及調整晚上散步速度。鹿鹿就有了很大改善，照護人回信：

Leslie妳好，鹿鹿和妳溝通後到現在已經一個禮拜囉！

這個禮拜她明顯進步很多，尤其是和人之間的相處，遇到樓下的警衛伯伯雖然

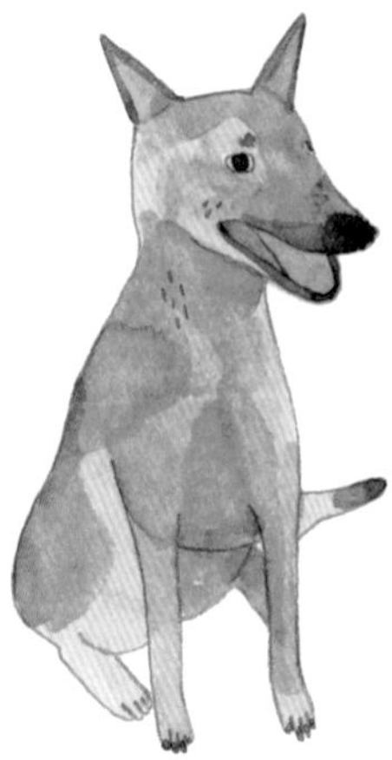

不喜歡，但她竟然不像之前那樣一直發抖了，可以好好地讓伯伯摸摸頭。

在家也很明顯聽得懂我說話的內容，我的朋友來家裡作客，她也會很主動去跟人家親近，這都是我之前完全沒料到的。

關於出門上廁所的問題，早上我把時間往後延，讓她先吃飯玩一下再出去，已有明顯進步，晚上雖然還是緊張，但我想再給她一些時間，一定會更好的。

真是謝謝妳，能有機會跟她做溝通，真的對我和她之間相處有很大的幫助，感謝妳喲～

我想，鹿鹿能夠改變，前提是因為跟鹿鹿聊天，知道她害怕哪些事情、對哪些事物敏感。照護人回去後也一一調整，給了鹿鹿「安心的環境」。

一開始，在溝通結束後，老實說，我對鹿鹿的改變沒有抱太大的期待。因為我總想著，這是「個性」的問題，而個性很難靠溝通改善。（試想像飆仔會因為跟輔導室老師懇談一小時就改變嗎？）

沒想到因為溝通，改善了「環境」，進而改善了「行為」。最後讓鹿鹿有了這樣明顯的進步。

我開始思考著，也許動物溝通，真的對內向害羞的毛孩子有幫助嗎？也許我可以多試試將觸角，往需要幫助的害羞緊張毛小孩前進？

於是這樣的念頭，帶領我認識了「如意」。

重新生活吧，如意

看到鹿鹿的改變讓我非常驚訝，因為鹿鹿顛覆了我對動物溝通影響的想像。我總以為，個性畏縮膽小害怕，是很難用動物溝通化解的，因為那是「個性」。就像父母都很難改變自己小孩的個性，那又如何期待一個小時的短暫溝通、能夠改變毛小孩的個性？

對不起還沒提到如意，但一定要先提到我的心思迴路，才能講清楚我如何認識如意。

鹿鹿的明顯改變我不敢居功，因為那是她自己的努力，但是透過動物溝通這個橋樑，的確可以幫助鹿鹿獲得「她想要的環境」，而環境讓鹿鹿成為「自信不畏縮的鹿鹿」。如果動物溝通真的能改善毛小孩內心的不安與恐懼，進而達到行為上的變化，那，我能不能去幫助收容所的毛小孩呢？

許多有愛心的照護人去收容所領養了毛小孩，毛小孩卻因長期待在收容所而衍生許多不安與恐懼，讓照護人心疼、生活習慣上也難以磨合。這種毛小孩，我可以透過動物溝通幫忙改善嗎？

這樣的思緒那一陣子總盤據在我腦中，揮之不散。

一天早上，我收到一封信。

Leslie 妳好，我不知道這則私訊能否被看到和回應，若能真的是超級無敵的幸運。她叫 Amy，過年前被前主人帶去收容所棄養的七歲以上的老孩子了。

昨天我去陪她想領養她出來，但她極度怕人並且想摸她就會兇人。

我不知道收容所還能留她多久，是不是有方法讓她明白她還能擁有幸福？

她值得擁有幸福，請她放心地讓我帶她離開收容所。願天下所有毛孩都能擁有幸福。

照片中是一隻漂亮的黃色米克斯，但眼神透露著寂寞與恐懼。我內心盤據已久的疑惑，這一刻好像是 Amy 要來替我解答一般。我特地在我已極致緊繃的工作狀況中空出時段，靜心跟 Amy 說：

Amy 妳好，妳可能會很奇怪聽到我的聲音，但是我想要跟妳說，把妳留在這裡的人已經離開了，他不會再回來帶妳一起走了。真的很對不起跟妳說這樣的事情，我知道妳心裡一定很難過很難過。但是我想跟妳說，這兩天應該有位姊姊來看妳吧？聽說妳對她又怕又兇。

Amy，希望妳認真聽我說，她是想要帶妳離開這個地方，未來想跟妳一起生活的姊姊喔。請信任她吧，安心地喜歡她吧，有她才能帶妳離開這個地方，重新跟人一起生活。Amy妳不用擔心、也不要害怕，她就是能照顧妳，與妳一起生活的姊姊。

我很想在這邊記錄點 Amy 感人的回應，可是很抱歉，當時 Amy 一句話都沒有回我，我像是跟一堵牆說話一樣，一點回應都沒有。完完全全，我被 Amy 已讀不回了。

我想著也許這樣的溝通方式還是太勉強了，能做的實在有限。所以在靠近中午時，我回信給這位女生：「我試著跟 Amy 說明情況了，雖然沒有獲得回應，但我想妳可以再試一次看看。希望 Amy 獲得幸福。」

在不抱持任何希望跟期待的心情下，下午兩點，我得到回信：

Leslie 妳好～！成功了！真的成功了！早上試著要摸她原先還是會兇人～我一直跟她說：妳不要留在這裡了，妳忘掉妳的前主人吧！妳相信我，我會帶妳回家的。終於在所區中午休息前將她領養了！她願意讓我成為她的家人了！我將她改名如意，希望她從此吉祥如意。真的好感謝妳願意幫我和回答我，我相信妳說的如意都聽進去了，相信她終於知道自己還是可以再次擁有幸福的。Leslie 真的謝謝妳～！

我看到信的時候內心充滿了激動。一來一回間，加上如意的努力，她願意再一次相信人類、把自己交給人類，這是何等的勇氣！對我來說，這一天，幾乎是奇蹟之日。

後來，我特地又跟如意的照護人約了一次獨立的溝通時間。在我心中，溝通過的毛小孩就是一份責任，當初沒有獲得如意完整的回應，這一次，希望可以補足，幫助如意獲得幸福的新生活。

如意的照護人特地從高雄來到台北的咖啡廳與我見面，事隔將近三個月，沒想到如意還記得我。她與我對上眼後，說的第一句話是：「我可以一直待在這裡嗎？」

照護人聽到的當下，眼眶立刻泛紅，直點頭說：「可以可以，這裡一輩子都是妳的家，妳永遠不會再跟我分開。」

如意之後緩緩說出她之前的生活。她說：「我以前待的家，有一個男的照顧我，還有一個是他的媽媽。我以前叫的話會被打喔，所以我現在都不敢叫。而且那個男的，會騎機車讓我在旁邊跑喔，我最討厭這樣了，我喜歡坐機車，坐機車比較舒服。」

照護人聽到此後強調，帶如意去收容所棄養的是個男的，而且如意真的滿愛坐機車的，也不管那是不是她的，如意根本看到機車就跳上，真的就是「喜歡坐」機車。（笑）

之後的溝通，意外的，如意給我的感覺不像之前防備心那樣強，她開始放鬆，開始會講想吃的東西、開始會撒嬌，甚至說：「我好喜歡姊姊，跟姊姊在一起最棒、最快樂了！」我不禁脫口問出：「欸妳是不是很寵如意啊，我感覺如意跟我第一次和她連線時，放鬆跟安心很多耶！」

照護人笑說：「現在如意都是早餐飼料晚餐鮮食、也會常帶她去散步，麻煩的是房間開冷氣她還有時候愛理不理不一起進來睡，她還是有她的孤僻啦！」

越聊到後面，我越安心。

因為我感受到如意真的放開了、自在了，這是被寵愛的孩子才會出現的態度，而這與第一次溝通「已讀不回」的她，如此截然不同。而這一切都是如意跟照護人的努力。如意願意收起齜牙咧嘴，重新相信人類、展開新生活。照護人願意給如意安穩、寵愛的新環境，讓如意敞開心房。

如意，重新生活，真是太好了。

請一直幸福下去吧！

附件：照護人寫的、關於她與如意的接觸紀錄

如意，我第一次靠近妳時，才發現妳渾身抖個不停，抖得天荒地老海枯石爛那樣誇張！那時我真的以為妳是有癲癇症，第一次親眼看到因為害怕抖到如此誇張的景象，想伸手摸摸妳，卻馬上被妳露齒低吼警告，硬要摸妳就會害怕咬人，雖然妳一咬到就會放開。以為當天就可以帶妳離開，看來是我天真了。

除了所方休息時間，我在裡面陪了妳一天，離開時妳還是不願意讓我觸碰妳，想著明天再來試試看吧，再不行就算了吧……

回家後一直想著，如果真的不行怎麼辦？一接近就兇人，硬要碰觸就會防衛性咬人，這該怎麼把牽繩套上呢？突然想到，也許，還有人可以幫忙，但覺得能得到回應的機會是零，抱著最後試試看的心情，還是傳了短訊給 Leslie 說明了狀況並希望可以傳達給如意知道。

隔天一早一樣帶著零食去了園區，妳一樣地縮在椅子底下，用零食把妳誘惑出來，坐在妳旁邊跟妳說話，妳還是不讓人碰。

可是，真的很奇妙的事發生了，原本連手要靠近妳都會兇人（就算手中有食物妳也是吃完就又開始低吼），但這次就在妳吃完手中零食後居然沒有低吼了，於是我試著用一根手指頭（還是怕被咬咩……）輕輕碰妳下巴，想不到妳居然沒有轉頭兇，一整個好高興馬上換成整個手去撫摸，妳沒有反抗，另一隻手也伸出撫摸妳的臉，因為也快休息了，跟所方人員先借牽繩讓我套套看，這時的我真的是忐忑不安啊，深怕妳不願套上牽繩該怎麼辦（有種結婚要幫女方套上戒指時，對方突然來個回馬槍說我不嫁了那種感覺……），終於，牽繩套上去了！

如意妳知道嗎，那一刻就像頭上有顆彩球拉開，彩片落下，還響起登登登登那種中獎的音樂，趕緊把領養手續辦一辦，正式改名叫如意（還好妳還會坐摩托車），帶下山就先找家醫院，大致檢查沒問題後就帶去美容院先洗澡剃毛驅蟲。

在等如意洗澡期間先回家準備，這時才看到電腦上的訊息，天啊！奇蹟！Leslie 回應我了，我真的沒想過會得到回應，難怪，難怪在園區時如意會突然放鬆下來，像是了解並相信她可以再擁有幸福。當時興奮地回信跟 Leslie 報告這個好消息，並感謝 Leslie 願意幫忙而真的成功了！

Leslie 也再次祝福如意和我都能幸福。

尊重這件事

做動物溝通以後，面對批評跟冤枉是家常便飯。可是我發現，很多來找我的照護人，回去也要一起接受批評跟冤枉。

「你被騙了啦！」

「你一定是被騙了。」

「我沒想到你蠢到相信這種東西。」

然後照護人不是懶得解釋，就是為我（或為自己），爭得臉紅脖子粗。

其實我發現很多人是這樣的，他無法忍受朋友做「他不接受的」事情，即使人家可以接受、人家可以相信。可是你知道嗎，人把一切自己說的話做的事情都當作是自己的延伸，你徹底否定他的選擇，基本上會讓人覺得「自己也被否定了。」

會有受傷感。所以會想大聲辯駁、會想說不是這樣的你誤會了。因為人都不想被否定，人都想被認同。

自從做動物溝通以來，意外地，我對朋友的態度有很大轉變。朋友做了我不喜歡的、我不信任的、我不樂見的事情，我默不吭聲。因為我知道只要他快樂，我就該尊重他。

我可以不認同他，但我可以用沉默代表我對他的愛護與尊重。我不喜歡不相信的事情，說到底也只是我不喜歡我不相信而已。

就這樣而已，而這並不賦予我批評朋友的權力。

貓老大

如果是多貓家庭，通常會有一個貓老大。貓老大制定的原因不一。

當老大原因通常是——

地基主款：家裡最早來的。

胖虎款：打架總是打贏。

佞臣款：家中最受寵。

如果是多貓家庭來溝通時，貓老大通常會最先發話，hold住全場。我遇過的貓老大，處理事情的風格也不大一樣，就像每個主管都有自己的風格。

有的貓老大什麼都愛管，下面貓咪打架打太兇也會幫忙調解。

有的貓老大專注跟下面的小美女貓咪談戀愛，忙著做神貓俠侶不問世事。

撿球遊戲

有養狗的人一定知道我在說什麼。

步驟一，跟狗狗玩丟球遊戲的時候，球丟出去。
步驟二，狗很開心地去撿，但是卻一點都沒有要還給你的意願。
步驟三，你們開始追逐、搶奪那顆沾滿口水的爛球。
步驟四，終於搶到了，球再丟出去，回到步驟一。

「你自己要跟我玩球，球又不給我那是要怎麼玩啦！」你心裡一定充滿了這樣的疑問，但這個疑問，我好像，透過咪嚕不小心破解了。

「可以跟你玩撿球遊戲嗎？」我代替照護人發問。
咪嚕：「有啊，我現在不就有在跟你玩？」

「可是你每次都不還我球。」照護人語帶委屈。

咪嚕：「因為那是我很辛苦跑跑跑搶到的球耶，怎麼可以給你！你想要球，就跟我一起跑啊，搶到就是你的！」

天啊！太有道理了，一語擊破盲點，所以對狗狗來說，球＝獵物，以這樣的邏輯下去思考，難怪狗狗辛苦搶到的獵物不願分給「呆呆站在那邊什麼力氣都沒出」的人類啊，如果我是狗我也不想把球給人類。

這真是太有智慧了，咪嚕！（已崇拜）

貓咪挑食

前陣子跟朋友約居酒屋聊天，東拉西扯一陣後，聊到她對於家中貓咪的挑食很困擾。

「坊間教狗的書很多，但面對貓，大家好像就沒轍一樣。」我朋友拿起小酒杯一口飲盡清酒以後大聲感嘆。

「對對對，妳知道嗎，我之前就聊過一隻貓吃飯的事情。」我像被按到關鍵字的Google一樣，立刻抓出一件最近跟貓吃飯有關的溝通個案。

「我問貓想吃什麼。」他給我看一堆飼料的畫面，說：「最近都吃湯湯水水的，好久沒有吃這個了，我想吃這個！」我還記得那隻貓咪的語氣充滿大爺款。

「因為這真的是滿難得的，一般照護人都是乾飼料為主，然後貓咪吵著要吃肉，所以貓咪說要吃飼料我真的很驚訝。」

「然後我就問照護人，照護人說為了他的健康，所以現在都是濕食了，飼料已經很久沒給。」

終於講完這個個案，我狠咬一口醬烤飯糰。

「哎呦，現在都是這樣啦，貓咪真的水喝太少了，這樣比較健康，這個照護人很好，知識很正確很充足啊！」朋友激賞補充。

「我也是這樣想啊，所以我就跟貓說：『欸，現在吃這個對身體比較好啦，肉很好吃啊，你要知足！』」

「結果你知道嗎？那貓給我回說：『什麼是知足？』」

「就是有東西吃就要很高興的意思。」我沒好氣回答他。

「吃難吃的我不想吃的東西有什麼好高興的，我要吃這個啊！這個！」然後再度拿飼料畫面轟炸我。

「這局徹底落敗，我就是被完封，ＫＯ！」我用誇張語氣講完後，把手中的小杯清酒乾掉。

看到朋友聽完哈哈大笑，被逗得挺開心的，我又說：「我真心覺得貓咪都是任性鬼投胎，他們的靈魂都是用任性做基底調的。」講完我也端起清酒壺，把朋友跟我的小酒杯都斟滿。忽然覺得我們真是奇怪的兩個女人，來居酒屋不是抱怨感情或工作，是抱怨貓咪。

「欸對了，其實之前我忘記是聽誰說，說對付貓咪挑食的方法，就是不理他。完全不理他喔，就是除非他吃飯你才理他。就是只有『吃飯的瞬間』才摸他理他跟他對話，其他他不吃飯就是漠視他。說這樣貓咪就會乖乖吃飯了。」朋友一口氣講完後又再乾了一杯，我開始有點擔心等一下要扛她回家。

「有這種說法？」我非常驚訝。

「對啊，可是這樣不理貓咪，好像也滿捨不得的吧！」朋友好像沒有很認同。

「對啊，而且我覺得，這樣不就是拿愛跟關心來勒索貓咪嗎？就是有種『你吃飯才能獲得我的愛，不吃飯就沒有』的感覺，那動物吃飯不也是『為了討好照護人，所以吃東西』？這種感覺很不好啊，換作是我，如果是我吃東西，我媽才理我，這種感覺我真的不喜歡，根本破壞親子和諧啊是不是。」我無顧忌地說出我的不認同。

「而且根據我的經驗，所有的動物喔，不管貓或狗，如果他們獲得的愛或注意力不夠，他們造反的招就更多，他們就會有『不理我嗎？好～看這樣你理不理我！』的叛逆心情，那到頭來還不是照護人自己要收拾。這招真的不行啦！」我越講越覺得這招不妙。

「其實還是給動物定時定量比較好吧，我懂妳的意思。」朋友很厲害，一下就能猜出我接下來想講什麼，這就是摯友啊～（拭淚）

「對對對，其實我覺得最好就還是定食定量，不吃收起來。餓到後面就會吃了。而且我之前參加過日本獸醫須崎醫師來台灣開的鮮食講座，他說動物因為生理機制跟我們的不同，所以一天不進食，對健康是沒有太大影響的。」

「像我們家一直都是定時定量的鮮食，Q比有時候碰到沒吃過的食物，就會給我擺爛不吃，說聞起來好奇怪我不要。我家也沒有什麼哄小祖宗吃飯這種事情，我就收起來啊，晚上再拿出來餵，晚上不吃，就冰冰箱，隔日再戰。」

「最高紀錄是Q比餓到隔天晚上就會投降吃飯了，這樣子聽起來雖然很鐵血政策，但我覺得愛跟食物本來就不用劃上等號，我給Q比食物是我愛她沒錯，但她吃不吃食物，一點都不會影響我對她的愛啊～！」一口氣闡述完論點，自己都覺得自己有點太激昂了一點。

「不過最怕有些貓，就是這樣也不吃喔，抵死不從。」朋友養貓，對貓的習性很懂。

「那如果是我可能就會換飲食了吧，因為長久下來真的對身體也不是很好啊，每天餓到爆對身體也會有不好的影響。」

「對啊，之前我也是換了三四種飼料，才找到我們家貓喜歡的愛吃的。現在回想那一陣子真是很恐怖……」朋友帶著恐怖的表情回想道。

「我們真的是貓奴狗僕……」我下了結論。

「哈哈～這不是早就知道的事情嗎！」朋友拿起清酒杯跟我互乾，旋即開別的話題，聊開了。

吃的話題當破口

以前的工作是雜誌編輯，常會需要參加許多 fancy 的社交場合，名媛貴婦明星齊聚一堂，身為小編的我此時的工作就是穿梭其中做採訪。

採訪當然不是劈頭就丟出想問的問題，前輩說過，要先找一些對方感興趣的話題當破口，俗稱「talking piece」，聊對方有興趣的話題。例如「妳的手拿包好特別～妳偏愛這樣的設計風格嗎？」或是「今天的髮型真好看，很襯妳的臉型！」把氣氛炒熱，等到感覺對方情緒比較放鬆了，想要採訪什麼也才好聊得下去。

這個「職場智慧」，延伸到今天應用在動物溝通依然很見效。（謝謝你！J前輩！）

許多毛小孩剛開始聊天的時候有點緊張，除卻許多熱鬧活潑的狗狗，講什麼都開開心心滔滔不絕，其實很多毛小孩剛開始要聊天的時候都滿臉問號：不知道要聊什麼。

他們常說：「我知道妳今天會來跟我聊天喔～可是我不知道要跟妳聊什麼耶～！」或是乾脆「……」一陣沉默。毛小孩嘛，不是吃就是玩，所以我常常用吃的話題當破口。

「沒關係～我們來聊聊看你最想吃什麼好了！」語氣溫柔地這樣問，十有八九，毛小孩想吃的食物畫面，就會劈哩啪拉排山倒海而來。

罐頭啦，零食啦，水煮雞肉啦，水果啦，各式各樣的，五花八門。搞到後來我也大概看一眼圖片就能猜出毛小孩想吃的是什麼。

白白的肉絲是雞肉。紅紅濕濕的肉是罐頭。淡黃色脆脆香香甜甜的是蘋果。

倒是有一次我印象非常深刻，就是「馬爾濟斯狗端端」。

那天問端端最想吃什麼，意外的，他給我看一碗水。一碗金色的、很澄澈的水。端端說：「這個很香、很好喝！」我跟照護人說了以後，內心揣測八成是蘋果打成泥的汁吧。完全沒想到照護人說：「這是滴雞精，我這陣子常餵他喝田園香的滴雞精啊……」大驚之下問了原因（因為餵狗喝滴雞精的人很少啊！）照護人說因為端端年紀大了，身體很虛，最近又不願吃中藥，只好把中藥和在雞精裡面求端端小主喝下了。

只能說端端真的很識貨，我也想喝田園香的滴雞精～（欸）

Q比愛舔腳

不瞞各位說，Q比有舔腳的習慣。

問了她為何愛舔，她說：「就很癢啊～！」（理直氣壯的口吻）

問了醫生為何愛舔，他說：「可能因為趾間炎。」（類似腳掌皮膚炎）

問了動物行為專家熊爸為何愛舔，他說：「因為狗狗汗腺在腳掌，時常分泌汗水再加上台灣氣候潮濕，所以他們的腳掌會有悶濕搔癢感。狗狗舔腳會帶來『止癢的快樂療癒感』，久了後他會記得這個動作帶來的療癒感受，逐漸演變為愛舔腳的習慣。」

好，那總之就是各種宇宙謎樣的因素，Q比很愛舔腳。她如果看到我在看她，多少會收斂一點。如果出聲喝止，也會收斂一點。但有時候如果我出手阻止她，把手擋在她的嘴巴跟心愛的腳交（註：腳的暱稱）中間，她會出口含我。

不會咬，但會含住，再加贈低吼的發怒聲音。

前幾天這戲碼又再度上演，我的手被含也沒生氣（反正又不痛），只是無奈地對著她說：「Q比，我很愛妳耶，我愛妳愛到從來都捨不得打妳。妳做什麼壞事我都捨不得打妳，連妳這樣含我咬我都捨不得打妳，但妳卻這樣自己舔腳傷害自己，把自己舔破皮、舔受傷，妳覺得妳這樣對得起我嗎？」

我原本以為這樣柔情喊話一番，這倔強的傢伙應該會充耳不聞繼續快樂的舔腳生活，老實說我背後都已經預備好防舔羞羞圈要給她戴上了。

沒想到精神喊話結束以後，她竟然轉頭過來爬到我身上討摸，還不斷舔我的手。我說：「妳如果想跟我道歉就舔舔我的手～！」（手伸到Q比嘴邊）

結果Q比竟然真的舔舔手跟我道歉。（再附贈無數用頭蹭我的手討摸）

我很少說什麼話勸服Q比，這是我們兩個之間很難得的一次和解。

而且我再次驗證了一件事情，就是Q比真的跟我一樣，超級吃軟不吃硬。（扶額）

都是看到溫暖面

今天收到一封信，其實語句略有點直接，禮貌度不足，所以我請對方先去看預約須知。點了大頭照過去對方的ＦＢ瀏覽，感覺是個還在念書的年輕男生。

後來對方又加問，他願意加價，只要我願意幫他溝通，因為貓咪常常在白天他上班的時候大叫，鄰居抗議恐怕要搬家。

因為實在手上預約都是滿的，無法超載，我推薦他其他溝通師後，也給他一些建議，例如晚上陪貓玩消耗精力，帶貓看醫生也許有不舒服。

看完他的回信後，我才知道原來這男生已經每天陪貓到三四點才睡，也帶貓去看了兩三個醫生。

他說：「沒辦法，養了就要好好照顧。」

也說：「已經不知道還能為她做什麼了。」

提供一些例如在窗戶外面撒米引鳥來給貓看，出門前放飯給貓吃這樣她吃飽會睡一下的小方法以後，他很高興，說：「不好意思，謝謝妳，這些天為了她到處問人到處找，連休息時間都為她煩惱。」

感受得到，他真的很愛他的貓，全心全意的愛。有時候覺得自己這份工作真的很好啊，可以看到人待毛小孩如己出的溫情面。

很溫暖。

適應哥哥不在的日子

HaQu 的第一句話是：「我沒什麼可以跟妳聊的！」（如果有門我想他應該會搭配一個氣勢摔門的姿態）

「欸你們家 HaQu 說沒什麼好跟我聊的……」我怯生生地和照護人說。

「真的嗎，可是我預告他很久欸，我跟他說有個姊姊要跟他聊天，有什麼都要聊，他怎麼這樣啊！鬧什麼脾氣～！」照護人簡直不敢相信 HaQu 臨陣竟然耍大牌。

「那你跟我說你在氣什麼好了，總是要講清楚你馬麻才會改進啊～」我乾脆換個方向引誘 HaQu 抱怨，怨氣話題都特好聊，我內心打著這種如意算盤。

「她剛剛有回家一下，然後就立刻衝出門了！立刻欸！我還以為她回家就是會在家陪我了，沒想到她就立刻出去了，我好失望好難過喔。」HaQu 語帶委屈，簡直如泣如訴，這孩子，原來只是想要耍賴要陪伴。

我如實轉述給照護人後，她大笑說，難怪出門前，HaQu 怨氣深重地直瞪著她出門，「那時就有想他是不是在不開心我回家沒多久又衝出門，沒想到真的是！」

後來花了一段時間安撫 HaQu，還承諾他回家會準備好多他想吃的好吃肉肉，少爺才開始聊上軌道，一問一答地流暢起來。

聊到剪指甲，HaQu 說：「她要剪不剪的，很恐怖欸！一點都不快狠準！」後來談好條件，剪完一隻指甲、就吃一口零食。（我內心ＯＳ：好傷本的方法！）

聊到吃飯，HaQu 說：「現在有時候都加太多水了啦，我想吃深色的肉，她現在都給我吃淺色的肉～！」（照護人補充：深色肉是魚肉，淺色肉是雞肉。）

全部抱怨完後，總算誇照護人一句：「她最近都有把我的廁所保持得很乾淨，我很滿意。」我原本以為照護人聽完會很想鼻孔噴氣說：「啊不就皇恩浩蕩多謝誇獎？」沒想到照護人回家之後和我聊天時說這句話讓她超感動的！我很疑惑 HaQu 誇她掃廁所很乾淨有什麼好感動的？

照護人回：「因為我原本一天清一次，但我最近才又開始一天清兩次，所以聽到 HaQu 這麼說我好開心！原來自己的改變、不偷懶真的有讓他生活的品質更好，真是太棒了！也許妳只是短短一句話的傳達，卻可以讓照護人心裡在放煙火！而且也會變成我之後照顧他的動力，溝通完後每當我想偷懶少清一次時，腦海就會浮現那句『我很滿意』，就會心甘情願地起身清貓砂了。（笑）」

講完這些吃喝拉撒，日常的生活細節後，我知道我該聊到重點了。

其實這次溝通有一個主題，就是 HaQu 的哥哥 Happy，一個多月前離開了。除此之外我沒有獲得其他資訊，只是知道，照護人很擔心 HaQu 的心情，怕他無法適應，所以這次溝通主要也是想跟 HaQu 聊聊心裡話。

跟毛小孩聊天有時候跟和人聊天有很多共通點。例如，你要注意問話節奏的安排，鬆緊鬆。輕鬆的話題開場，重點話題在中間，再以輕鬆的話題作結。相信我，我曾碰過一上場照護人就氣急敗壞問貓咪為什麼最近要尿床？結果沒想到貓咪就立刻給我斷線的。畢竟一接起電話就是要被罵，誰想聊天是吧？

所以我刻意，先跟 HaQu 聊了些日常家事，才切入正題。

「馬麻之後會準備你要的深色肉肉給你吃，你還有什麼想說的嗎？」我的態度開始放輕放柔，為之後的問題做暖身。

「沒有欸，現在想不到。」HaQu 回我。

「那你記得 Happy 嗎？Happy 現在不在家，日子還可以嗎？」我極度放輕語氣詢問，期待重重的問句能因為語氣像是一根羽毛落在雪地的安靜。

「他剛不在時，我很不能習慣。我在家裡各個角落找他，卻到處都找不到他。明明家裡有他的味道，聞得到卻找不到，好難過。」

「我其實不是黏人的貓咪的，我最黏的就是 Happy，Happy 總讓著我，玩具也讓給我、食物也讓給我、零食也讓給我，我最黏的就是他最愛的也是他，所以他不在這個家，我真的好難受。」HaQu 把他對 Happy 的想念傾訴一輪，但我想這還不及他心中哀慟的十分之一。

「對，他們是一起長大的，Happy 真的是個很疼很疼 HaQu 的好哥哥，凡事總讓著他，所以我也很擔心 HaQu 這陣子都很低落，是不是真的很不能承受哥哥離開的事

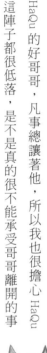

情。」照護人聽完 HaQu 說完後補充。

「其實，Happy 是突發貓血栓，血塊造成後大動脈阻塞，導致後肢完全癱瘓，事發到走只有 15 小時，而且，事前完全沒有明顯症狀。所以，Happy 走對 HaQu 跟我來說最大的打擊，就是哥哥 Happy『突然』消失了！」說到這裡照護人眼眶泛紅，我可以感受到「突然消失」這四個字像是深刻如內心的刺青，再幻化成聲調傾出。

「哥哥那天離開時，HaQu 是在場的，怕他有什麼特別的、無法釋懷的感受。」沉靜片刻後，照護人補充接下來要問 HaQu 的問題。

「哥哥走的那天，你記得發生什麼事情嗎？」我問 HaQu。

「那天我看到 Happy，想跳上床，他都喜歡躺在床的角落，那是他最習慣睡的位置，可是他要跳上去卻沒跳上去，就倒在地上了。」HaQu 回憶當時的情景，但莫名地，我也感受到當時的驚慌與擔心。

「我現在稍微可以接受他不在了，因為，他就不在了。味道也漸漸淡掉了，家裡漸漸沒有他的味道了。他真的不在了，我很難接受，可是也只能接受，他不在了。」我注意到 HaQu 不斷強調「他不在了」這個字眼，讓我感受，好像某種程度，他也在不斷地催眠自己，要自己接受哥哥不在的事實吧。

「那你現在生活，還愉快嗎？會不會很低落、不開心？」我試探著問 HaQu 的情緒，但另一方面我也吐槽自己，覺得自己很像新聞中的白目記者，抓著麥克風質問受難家屬：「現在心情怎樣？」我有時候總為自己對毛小孩的不夠體貼而自責，幸好 HaQu 很快地回答我，揮去我內心熱烈的小劇場。

「我現在沒有 Happy 跟我一起，就是跟馬麻在一起吧。馬麻對我來說最重要，有馬麻我會安心一點。」我感受得到 HaQu 完全把對哥哥的依賴，轉移到馬麻身上。

「那可以幫我問他，是否想要別的貓咪陪他？」照護人緊接著問，畢竟上班不在家的時間長，HaQu 如果這麼在乎馬麻，也怕他患得患失容易憂鬱。

「別的貓？我為什麼要別的貓？我只喜歡 Happy 呀～！」

「那如果我找一隻跟 Happy 很像的……」我話還沒說完就被 HaQu 打斷：「什麼很像的，很像就不是啊，我不要我只要 Happy，如果你能找跟 Happy 一樣疼我照顧我，還長得跟他一樣的話，那我就可以接受他。」HaQu 一副世界上只有 Happy 可以跟他一起生活的斬釘截鐵語氣。

「他說除非那隻貓跟 Happy 一模一樣不然他不要。」雖然無奈但我也只能據實以告。

「所以他就是一輩子都只想當弟弟被寵愛，不想當哥哥就是了。」看來照護人真的很懂 HaQu。

「沒關係我知道了，這樣就好，知道他開始能習慣哥哥不在就好。他不想接受別的貓我們也不會勉強他，希望他可以一直健健康康陪著我們走下去。」照護人語帶愛憐地說。

「可以幫我問 HaQu 還有什麼話想跟我說嗎？」照護人最後問。

「可以把哥哥還給我嗎？如果哥哥回不來，那她（馬麻）可以不要走嗎……？」HaQu 像單獨被媽媽留在家的幼兒一樣，提出可憐又可愛的撒嬌要求。

和照護人討論後，現階段，對 HaQu 還是以長期陪伴為主，之後也許選適當的時機，再找新的貓咪伴侶陪伴 HaQu。

「希望可以盡量紓解 HaQu 內心深處的孤單寂寞。」照護人全心全意、重重地把 HaQu 的願望放進心底。

和 HaQu 的連線切斷後，我開始整理桌上的照片，並啜幾口熱伯爵茶，休息緩和情緒，這時的空氣有點沉默，帶點特別的寂靜味道。

此時照護人緩慢又優雅的聲音開啟我們的另一段對話。

「其實今天剛好是 Happy 走的第49天，聽說靈魂會在這一天啟程去新的地方。我想能剛好在今天跟妳約和 HaQu 聊天，聽到妳說出 HaQu 的內心話，冥冥之中，也是有什麼註定的吧。」照護人突然說出這段，不知為何，我渾身起了雞皮疙瘩。

「我希望 Happy，永遠開心，也希望 HaQu 能健康地陪在我身邊。他們帶給我的太多了，自從 Happy 離開，我學到很多事情，也有很多事情在我身邊發生，也讓我更珍惜生命中的每個交會。」我聽著照護人緩緩說出內心的話，內心不知為何，也有共鳴的撼動感。

「其實，我現在也有在學習動物溝通，希望未來的日子，可以直接跟 HaQu 對話，了解他的所有心情，給他最好的照顧。」照護人說。

「如果今天是 Happy 在這塵世的最後一天，我想也許這是他最後一個任務吧，開啟妳生命的下一個階段，開啟妳和 HaQu 的交流對談。」沒有經過太多思考的，我直覺說出口。

照護人低頭沉默不語，我藉故離開現場，給她一點時間緩和情緒。之後回來後，我刻意聊些輕盈的話題，帶開了氣氛、散開了糾結。

回家後，睡前在床上反覆難眠，我想著，我們一定都帶著一個任務來到這個世界，當任務結束以後，這個身體就不用了，還給大地。

而之後我們的靈魂會進展到下一個階段，等著下一個身體使用、下一個旅程的展開。

Happy 也許任務結束了，我想，今天是他以「Happy」為本體在地球的最後一個任務完成，之後他就要邁向下一段旅程了。

而 HaQu，HaQu 是隻堅強的好貓咪，他在逐漸學習放下，而照護人，也在一起學習著，另一段生命的進程。

想到這邊，我的情緒開始放鬆，意識開始深沉。「我今天的任務也算結束了吧。」睡前我這樣跟自己說著。

至少有我們陪你

癌末被遺棄的狗狗，被放逐在荒郊野外。朋友救援後，現在住在醫院。
聽說病情穩定且已控制住，食慾不佳、但可以吃，不大能走路、但會走幾步。
但是拉拉（化名）的眼神非常空洞，感覺濃縮了一個靈魂所能容納的哀痛極大值在裡面。

實在不忍心，想跟他說，一切都沒事的，現在沒事了，有好多人愛你，不怕不怕。
但我內心是有點擔心跟他連線的。因為根據以往的經驗，情緒過於哀痛的狗，我的心靈也會承受不住，曾經在咖啡廳痛哭失聲到需要緊急斷線的地步。（我也自私地這麼做過）（這部分還要再練練啊）

好怕這樣的情形發生。好擔心、好害怕、好心疼。
溝通在這樣糾結的情緒中開始了。

意外的平靜。

現在，在哪裡呢？
看到一個深色的布攤成的角落。
「都窩在這，不想動，偶爾起身走走。」

現在，吃什麼呢？
看到一碗綠糊糊的東西。
「不喜歡這個，不好吃。」

現在，心情好嗎？
看到一位有點年輕、戴著眼鏡的女醫師。
「看到她心情就會好很多，她會來摸摸我、跟我說話。」

現在，身體有哪裡不舒服嗎？
「全身都很不舒服，特別肚子這邊脹脹的，好難受。」

以上都一一和朋友確認後，知道深色布是特意給他鋪的小窩、綠綠的糊粥……不確定是什麼，但應該是混合著藥粉的玩意。

主治的是男醫師，但每天巡房打針餵藥的是形容的那位女醫師沒錯。

至於肚子脹脹的，因為他是肺癌，所以肚子有積水也是有可能的，回頭再請醫生注意。

嗯，看來連上線了。

「你以前，過的是什麼樣的生活呢？」我小心翼翼發問。「可以不要聊這個嗎？我真的真的不想講這個。」抗拒的意識堅定。

好，不聊，我是幫助你情緒放鬆的，我一點都不願意再增添一點你的不快樂。

「現在，最大的願望是什麼呢？」我溫柔地詢問。

「我好想要有人陪，偶爾會有人來陪我、摸我，但我好想好想有人陪著我、摸我。」

「好，我幫你跟人講，一有空就去陪你，一定。」幾乎眼眶要泛淚了，不行，忍住。

「打針會痛嗎？」話一出口，我就後悔地覺得自己問了白目問題。

「打針一點點痛，但就是要打針才會看到那個女生，她來就會摸摸我、跟我說話，所以沒關係的，可以看到她就好。」

應該是描述來打針的女醫生吧，女醫生當然是巡房的時候才有空過來多陪一下。

「除了想要有人陪你以外，還有別的願望嗎？」

「在別的籠子裡面，有隻狗狗，躺在自己的小窩裡面，好舒服的樣子。我也想要那樣的窩。」

看到一隻小小的紅貴賓，躺在一個小窩睡墊裡，應該是家人心疼住院幫他帶來的。

跟朋友轉達後，朋友泛淚光地說：「我等一下立刻開車去買一個特大號的給他！」

「很謝謝大家這樣照顧我，我覺得在這邊的生活，比以前好很多。可是可以請大姊姊不要罵照顧我的哥哥嗎？」

「罵？為什麼這樣說？」我疑惑提問。

「大姊姊每次來都邊摸我邊很大聲、生氣的跟照顧我的哥哥姊姊說話，但是他們都很仔細照顧我，拜託請不要罵他們。」拉拉哀求道。

轉頭問朋友：「欸、妳有罵醫生嗎？妳應該是講話比較急吧？」

朋友：「拜託！怎麼可能罵醫生！感恩都來不及，是有時候聊天講到那些讓人生氣的繁殖場，我語氣就大聲起來了。」

「大姊姊不是罵哥哥姊姊，只是說話大聲、急了點，你不用擔心。」我語氣盡量放慢地安撫他。

這孩子，自己身體都難受成這樣，還忙著為別人著想。現場的我們都紅了眼眶。

拉拉話不多，一問一答，沒有我想像的悲痛，所以我問朋友：「救出來大概一個月嗎？」朋友說：「差不多，從救出來到診治到跟妳約時間，差不多一個月。」

「因為我感覺他的情緒稱不上是開心，但還算平靜。我想這是有經過一點時間的沉澱的。」我語氣平穩地說，意外的，原本緊張的情緒，竟然還要反過來被拉拉牽引安撫，我覺得自己好慚愧。

「其實癌細胞擴散了，他的時間也不多了，只是希望至少在這最後的時間，能夠讓他感到溫暖跟愛。」朋友喝著熱拿鐵這樣說。

「去醫院看他的時候，可以撫摸他，說：現在有我陪你，你是最棒的狗狗，以前的人不知道你很棒，所以對你不好，但我們都知道你是最棒的。以後身體不舒服、有我們照顧你、我們最愛你。」

「這樣他能理解？」朋友疑惑。

「可以的，慢慢說他能了解的。身體的病有醫生，心的病就交給妳了。」我跟朋友叮囑著。

「曾經痛苦，但至少現在、有人照顧、有人愛就好。」我想著。不甚圓滿，但至少是個讓人比較放心的結局。拉拉，我們有空，就會去陪你的。

PS. 故事因為牽涉到團體，避免爭議，刻意化名並淡化部分情節，真實更不堪。

你可以自己走了喔

網路上有隻很紅的小橘貓，本名叫橘子，又稱為「橘王子」。橘王子有個特別的地方，就是他的下半身癱瘓，所以得包尿布。每天得依靠照護人幫忙擠尿，大部分移動靠有力的前肢跟腰。但是因為全家人的細心呵護，在粉絲專頁上的橘王子照片，總是很放鬆很溫柔的神情，看得出來，是個在充滿愛的環境下成長生活的好孩子。

有一次印象深刻，看照護人用「我們家的小戲精」形容橘王子，內容大約是：以前橘王子剛來到這個家，想要上沙發時，總用兩隻前爪攀住沙發邊，做出努力往上攀爬的樣子，最後再回頭無助地望著照護人、發著細微哀鳴滑落而下。

看到這副場景誰能不出手相助你說說你說說~（左手心拍右手背）

但沒想到照護人說他就這樣被橘子騙了一年。是後來有次家中只有照護人跟貓咪們在家，走出房間竟看到橘子在沙發椅上睡覺。之後問了媽媽，媽媽還說：「拜託！他早就會自己爬了，還超厲害的呢！」

之後照護人還偶然撞見橘子身手矯健地爬上沙發要不到三秒鐘，完全歎為觀止。但只要被橘子發現照護人有看到，他就立刻又是侍兒伸手嬌無力，柔弱墜落沙發 again and again and again。

（以上敘述部分引述橘王子粉絲專頁，ＦＢ搜尋：橘王子——尿布甩尾的每一天）

那時候看到橘王子照護人分享的文字，讓我深深覺得毛小孩真的跟小孩沒兩樣，很愛撒嬌，明明會的事情很會，但是只要現場有人能幫忙，絕對裝傻到底。畢竟享受寵愛，真的真的真的是很幸福的事情呀～！

那天來聊的貴賓犬：奶油，也讓我覺得他跟橘王子有一咪咪雷同之處。

照例，照護人給我照片前，我不知道任何關於奶油的資訊，連是公是母、幾歲都不知道，因為我不想被主觀判定影響動物溝通的直覺。

我問奶油：「照片裡你的身體下面鋪著尿墊耶，你身體哪裡不舒服嗎？」

奶油：「我覺得我最近都大便大不出來，很不舒服，很難大便。」

照護人：「因為他的下半身癱瘓了，下半身都不能動，所以真的很難大便，我看他都要大出來又縮回去。」照護人語氣憂心忡忡。

我：「為什麼可以大出來又要縮回去？」

奶油：「因為沒力氣啊，沒力氣啦，我沒力氣大便～～～」奶油語氣驕縱，這種語氣好熟悉我怎麼感覺很常聽到？對啦就是我們家Q比，奶油說話的方式真的跟我們家Q比一模一樣。

我：「奶油～那你記得你為什麼會癱瘓嗎？」未等照護人說明，我想要自己問問看奶油的說法。

奶油：「我也不知道，我就突然之間就不能走了。突然間喔！我也覺得很奇怪，我為什麼突然間不能走路了。」奶油語氣困惑，從他的語氣真的很有天降橫禍的莫名感。

照護人：「對，奶油是因為脊椎骨刺壓迫神經導致癱瘓，所以真的就像他所說的，忽然之間癱瘓、不能動了。但距離醫生說可以開始復健的時間已經過了兩星期，他應該要可以走了才對，但他都不願意復健。」

我：「所以今天最主要是想聊這個對吧？」

照護人：「對啊，因為他自己真的都不大願意走，可是他真的可以走了，是真的。」

我：「奶油，你可以走了耶，你要不要試試看自己走路？」

奶油：「大家都說可以但我覺得不行啊～！那是因為你們有撐住我啦～！我不行啦真的不行～！而且我不是後腳無力喔，我是前腳，很沒有力氣撐起來的感覺。」

照護人：「對，真的就是這樣～～他就是現在後腳其實有力了，但前腳有點撐不起來的感覺。但他明明前幾天就有靠自己的力氣坐起來，他少來了啦他～！我們都有一直誇他好棒好棒。可是他就是只靠自己就不願意。我每次都有在後面扶著他，但其實我的手只是靠著，根本沒什麼施力，都是靠他自己的力氣在站起來，所以他真的可以，是他不相信他自己。」

我：「就像學腳踏車那樣吧？後面的人明明已經放開了還覺得有人扶著就很安心，但一旦放開就嚇傻立刻摔跤，其實是自己自信心的問題。」

照護人：「沒錯沒錯，他現在就是很像學騎腳踏車，問題不是不行，是對自己沒有自信！」

我：「奶油你覺得現在的生活還好嗎～？開心嗎？」我想要引導奶油自己說出想要再跑跑跳跳這種願望來引導建立他的自信心，或是想要自己主動走路的慾望。

奶油：「我覺得大家現在每個人都很關心我、很棒～不像以前家裡有時候大家都在家卻有時

候不理我，現在大家都很愛我、所有人都好照顧我喔～我好喜歡！而且姊姊還躺在地上跟我一起睡，這點也很棒。然後現在吃的東西也不錯吃喔，現在飼料旁邊都有白白的肉絲，那個好好吃喔，我想要只吃那個肉絲就好～」

坦白說，奶油說話有點驕縱，又會點菜自己想吃的東西，真的不大像個癱瘓病人，感覺他的心情真的沒有受太大影響。

我：「那你有想要去哪裡嗎？」

奶油：「我喜歡那個很大片很大片很寬廣的灰色的地板那裡，我想在那邊自己跑來跑去，我最常去那裡了。」

照護人：「我知道他說的是我們家附近的公園，我都有抱他去那裡呀，但他想自己在地上跑跑跑，就要自己努力走路啊。」

奶油：「不行啦我不行～」

我＆照護人：「你真的可以啦，相信我們，你真的可以自己走路了，真的～！」

奶油：「不行啦我不行～」（以上無限迴圈三百次）

那天我跟照護人說，我覺得奶油真的是自信心的問題，希望今天的溝通有（稍微地）幫他重建自信，但我想給他多一點時間，他一定會進步的。

沒想到四天後，照護人就傳來奶油「嘗試自己站起來」的短片。

我認真地看著影片中的奶油努力勇敢站起來。

奶油原本身體側躺，看他努力地扭動身體，扭動身體後，旋即躺姿轉正。轉正後，奶油的四肢像剛生下來的小鹿一樣努力揮弄擺舞。最後再努力往上一撐，前腳撐起身體了！坐起來了！坐起來後奶油再接再厲，後腳直接也站起來，並走了兩三步。

影片中，可以聽到照護人全家都用中樂透般的語氣不停狂誇狂讚美奶油：「哇好棒棒好棒棒～好厲害好厲害～！」看著影片不誇張我都快要落淚了，因為感受到奶油真的很努力很努力靠自己的力量想再站起來，也感受到家人的關心與心疼，短短幾秒的影片，洋溢滿滿的勇敢與愛與關心。

很感動。

不知道那天溝通，我跟照護人的精神喊話奶油聽進去幾成，但是能夠再站起來，我認為真的還是奶油自己的勇氣功勞最大。

後記：十天後，照護人又傳來奶油後腿撐著輔助輪，到那個「很大片很大片很寬廣的灰色的地板」跑跑的影片，影片中陽光滿溢、照護人牽著興奮的奶油，開心地前進著，完全是美夢成真呀～！（手比愛心）

不吃飯飯的蔓蔓蔣

蔓蔓蔣是個好美好美的布偶貓。蓬鬆的毛髮、天空藍的雙眼，是個光看照片就會讓人融化並直呼「好美喔～～」的小美女。

但蔓蔓蔣有個毛病，就是不愛吃飯。

「也問過許多醫生了，但查不出具體的原因。也有醫生說再這樣不吃東西，要用灌食，但偏偏蔓蔓蔣都很不配合，每次灌食她都像泥鰍一樣在我身上扭啊扭的，就算灌進去她也吐出來，真的讓人不知道怎麼辦。」照護人憂心地說。

「她不吃飯就放著好了，她餓到總會去吃呀～！」對毛小孩教育偏鐵血政策的我回應。

「其實是因為蔓蔓蔣有先天心臟病，先天不良的前提下，怕她這

樣不吃飯又後天失調，很怕一個不小心就要提早去當小天使，所以真的不能這樣縱著她不吃飯，但問許多醫生又問不出原因，真的是要被她焦急死……」從照護人的語氣完全可以感受心焦，簡直只差沒跪下來求蔓蔓蒋小祖宗多吃兩口飯也好。

「嗨～蔓蔓蒋～我可以跟妳聊天嗎？」我先跟蔓蔓蒋打招呼。

「我很漂亮對不對～？大家都說我很美～～～！」蔓蔓蒋一上場就自信發言，我立刻感受到這場溝通恐怕很難輕易達成任務的不祥感。

「蔓蔓蒋～聽說妳都不吃飯啊？可以告訴姊姊妳為什麼不吃飯嗎？」我換上溫柔大姊姊的口吻問蔓蔓蒋。

「我不是不會吃飯，我是會吃的～只是吃兩口就夠了，從以前到現在都是這樣的呀～！」蔓蔓蒋講話口氣嬌滴，尾音還會上揚。

「欸她說她哪有不吃飯，只是吃兩口就夠了。」我轉達給照護人。

「喔對啦，她不是『完全不吃』，是看心情，心情好就多吃兩口，可是只吃兩口，也是很危險啊，哪有貓咪吃飯只吃兩口的！」照護人講話徹底崩潰＋扶額。

「妳要多吃飯呀～不然身體會不好，會死掉！」我試圖跟蔓蔓蒔講道理。

「哪有～～～～！我不吃飯還是很好啊～妳看我現在吃一點點還是很好啊～哪會死掉～妳騙我～」蔓蔓蒔講話持續飆高尾音，我感覺我的血壓也在飆高。

中間不管怎麼試圖引導蔓蔓蒔到吃飯的話題，她都有辦法跳針：「大家都覺得我很美，哥哥也覺得我很美（註：哥哥是家中另一隻阿比西尼亞貓名喚五燈蒔），所以一直舔我，來家裡看見我的人也都會說：『妳怎麼那麼漂亮那麼美～』」

坦白說一直聽一隻貓正事不談卻不斷跳針這些內容，我都快捏碎玻璃杯了。我內心想著，蔓蔓蒔如果是以前班上的高中女生，我一定帶頭霸凌她啊！（小孩子不要學）

「那妳不吃飯，就是妳馬麻用針筒灌妳食物喔，這樣妳也可以嗎？」我態度語氣稍微強硬一點。

「我恨！但是馬麻很喜歡～！」蔓蔓蒔慢條斯理回答。

「我喜歡?!我喜歡?!我喜歡把自己關在浴室裡一小時？坐在硬邦邦冷冰冰的地板上抓泥鰍？」照護人聽到蔓蔓蒔的宣言幾乎崩潰。

眼看溝通完全進入僵局，我想著這場對話根本被蔓蔓蒔耍著玩沒出路，不行我要想個辦法。

我想著，蔓蔓蒔還太小（兼幼稚）不知道「不吃飯會死掉」的生命威脅，也不能理解沒食慾為何要逼自己硬吃的道理，那就只有找出蔓蔓蒔在乎的東西才能和她談判了。

「蔓蔓蒔～妳可以跟姊姊說妳最在乎什麼嗎？」我誘哄著蔓蔓蒔回答。

「我最在乎的就是我麻跟我哥，我麻在家走到哪我就跟到哪喔，我看不到我麻就會好緊張好害怕，我一定要看到我麻我才安心！」哼哼，畢竟是小孩子，問什麼都會老實說，這下知道妳的軟肋在哪了吧。

「那姊姊跟妳說，妳很愛很愛馬麻對不對？」我開始我的誘導大計。

「對，我最愛馬麻，最愛的就她！」蔓蔓蒔大聲回應。

「我跟妳說喔，可是馬麻不知道妳很愛她耶，但是我們人類表達愛意的方式，就是『吃飯給對方看。』吃一口，就是愛一下。」

「吃一口，就是愛一下嗎？」蔓蔓蒔好像聽進去了，好，再接再厲！

「對喔，我們看妳吃一口飯，就知道妳很愛我，再吃一口又知道妳跟我說愛我一次。妳只要讓妳麻看到妳在吃飯，妳麻就會知道妳很愛她了喔。」雖然騙蔓蔓蒋有點良心不安，但這是為了蔓蔓蒋多吃幾口飯，我不斷這樣說服自己。

「好喔，那我回家盡量多吃幾口給我麻看！」我完全沒想到蔓蔓蒋會一口答應，這真是太高興了。

有了蔓蔓蒋的口頭承諾，我跟照護人約定回家觀察一陣子再跟我回報。

其實我對公主病蔓蔓蒋抱的希望不大，我想著，勉強多吃幾口，就算是任性公主的恩德了吧。

沒想到隔天晚上，照護人就來訊：「大神～和您報告一件十分神奇的事！蔓蔓今天一直上演吃飯秀給我看，三不五時就去吃兩口！雖然只是吃兩口，但吃不停耶！我感動到水龍頭又壞了！」

一週後，照護人更回報：「大會報告！公主病胖了100克！可喜可賀！可喜可賀！」

我動物溝通以來從來不曾欺騙人或動物，蔓蔓蒋是唯一的例外，但我想能換得這樣一兩千金，也算值得了吧。（苦笑）

攻擊犬

親戚的法鬥叫做 Bacon（培根），有攻擊行為，跟我約了時間，希望獲得改善。

跟 Bacon 溝通後，他說：因為小時候，把拔都打他打很兇（詢問後是管教因素，非虐打），他發現就是要這樣兇，才可以讓人停手。當下我觀察這已經是成長經驗造成的個性行為問題，溝通能幫助的效果不大。

道理就像輔導室老師，很難靠一場心靈誠懇對話，就立刻勸戒不良少年變優等生一樣。環境造成的問題行為，要靠環境改變才能導正。所以我請照護人轉診動物行為專家，請動物行為專家針對這隻法鬥與照護人，設計全新的行為相處模式，才可能從新的生活經驗和環境中，誕生改善新的個性行為。

除了因為狗做錯事，亂便溺、咬東西，用責打來教訓我非常不贊成以外，很多人在教育狗的時候，會有「我就是要比他兇，他才知道我是老大！才會服從！」的觀念。但你必須要認知到一點是：你不可能打贏狗。

為什麼？因為他可能真的會因為恐懼你的憤怒、害怕到極點，完全失控真的往死裡咬。但你很難真的把他往死裡打，因為我們都會怕如果自己真的用蠻勁，會打斷肋骨之類等無法挽回的傷害。

就算這次他佔下風，這個回合結束，他可能會學習：下次、我要更兇更狠才行！

注意，你在學習經驗、狗也是。所以較勁到最後，很多時候，怕痛縮手、輸的是人類。（但我絕對不是鼓勵你往死裡打謝謝）

於是狗狗容易有：原來我就是要這樣兇、這樣發狠，你才會怕我！才會停止我害怕、討厭的行為。人類是經驗法則的動物，貓狗亦然。幾次以後，甜頭上癮，你的狗，自然學會用憤怒攻擊，來處理所有一切不順他意的事情。

一旦狗狗出現攻擊行為，我建議停止一切威嚇狗狗的行為，例如打罵或用報紙捲起來打地板發出巨響恐嚇。並立刻尋找寵物行為專家的專業協助諮詢，避免情況陷入惡性循環越演越烈。

續聊攻擊犬

我時常收到信，請教該如何「叫流浪狗不要攻擊流浪貓」，許多愛心媽媽長期照顧的流浪貓慘死流浪狗嘴下，想請溝通師利用溝通請流浪狗停止這樣的「殘忍行為」。

我必須要先說，這時的攻擊行為，是「狩獵」。幾隻流浪狗圍捕一隻浪貓，這畫面是否很像狼群出擊打獵？而「狩獵」是一種天性跟本能，就像狗會獵貓、貓會獵鳥，如何叫貓不獵鳥，叫狗不獵貓，我覺得這是相當有困難度的。

我也曾經有個個案，是照護人會固定讓家中的貓咪到頂樓陽台玩，但貓咪總會捕捉麻雀進家門，更糟糕的是不知道將麻雀藏在哪，搞得全家都是異味也找不到可憐的麻雀大體在何方。「能不能請她別再抓麻雀了，目前記錄20隻，我們家真的不缺她報恩呀！」照護人幾乎崩潰地寫信給我。把屋頂門關起來不讓貓出去，也怕她無聊到憂鬱症。

在貓咪脖子上綁鈴鐺，貓咪不知是否天生神力，平常走路鈴鐺都有清脆鈴聲，但打獵時卻可以開靜音，依舊成功獵捕。

記得那次跟貓咪溝通後，她理直氣壯地說：「這是最好玩的遊戲了，為什麼不能玩？」我依稀記得，當天努力溝通，也只能要求貓咪：「至少不要咬死，獵捕到就讓鳥飛走。」

後來去信詢問照護人有沒有改善？照護人苦著回：「這兩天又抓一隻回來……」（崩潰扶牆）

請狗不獵貓，請貓不要獵鳥。

動物溝通在這樣的狩獵行為，真的是完全無用武之地。

續談貓的狩獵攻擊

貓會抓鳥，當然也會抓老鼠，而且很會。

Sunny 原本是浪浪，後來算是定居在照護人家，可是偶爾還是會狂抓窗抓門，要人放她出去玩。後來演變到，就算人可以鐵石心腸不放，家裡的另一隻六歲柴犬 Sammy 也會偷偷幫忙開門讓她出去。因為 Sunny 會抓門 & 叫到世界盡頭，搞得柴犬 Sammy 不得不妥協做幫兇開門放 Sunny 出門。

Sunny 定時出去玩耍，偶爾帶打獵到的「禮物」回家，而且聰明的 Sunny 還知道要放在照護人必經之處，所以有一次是早上剛睡醒一開門，就睡眼惺忪地光腳踩到死老鼠……

那次溝通的重點是：「可以不要再抓老鼠給我了嗎？」

沒想到Sunny回：「可是那是因為我很愛他欸，那是我特地送給他的。只是有一次我把最美味的頭吃掉了才給他。」

我：「你有收過無頭老鼠喔？」

照護人：「對……那次真的很崩潰。而且她都放在前門口、後門口，還有我的椅子下。」

我：「所以是必經之處還有常待之處就是了。」

照護人：「對……可以請她不用再送了嗎？」

我：「Sunny，他想跟妳說，我們真的不需要吃老鼠，所以老鼠真的不要再送了……」

Sunny：「他不喜歡嗎？可是那是我挑特別壯大的給他欸……我送他是因為我最愛他、最喜歡他，他為什麼不喜歡……」Sunny語氣帶著極濃厚的受傷失望感。

我：「Sunny好像很受傷……因為特別準備給你的禮物你不喜歡。」

照護人：「她很受傷嗎？」（震驚）「那就繼續送好了，那就繼續送好了，那就繼續送好了。」

（急到連講三次）我再想辦法自己清掉。」

我：「Sunny～他很高興收到妳的禮物～只是我們人類不常吃老鼠，想要表達愛他，就跳到他身上，給他摸摸很久，他就知道了喔！還有，我聽說你們貓咪送人獵物，是看不起對方，覺得對方沒有狩獵能力，是真的嗎？」

Sunny：「沒有啊，我送我打獵到的老鼠給他，是因為我最～～喜歡他！最愛他！所以想把最好的送給他喔！」（有點像求偶還是交朋友的心情）

許多人說貓咪無情，但是我卻陸續聽過非常多照護人回報：常餵的浪貓會在門口放壁虎或老鼠做謝禮，或是貓咪會送死蟑螂或是金龜子給自己。

在粉絲團聊這件事，一堆人熱情分享他們家貓咪的美好報恩，蟑螂老鼠小鳥都還算正常範圍，最特別的是網友 Elisa Yu-Chin Lin 分享他們家院子的浪貓「大白」送的高雅品味豪華大禮：

「我家住山上，媽媽平常都有餵後院浪貓的習慣，有一天我姊早上發現一隻漂亮的白鷺鷥『平躺』在後門口！一開始姊姊還懷疑會不會白鷺鷥是睡著了？因為那個白鷺鷥真的太美太潔白了～！但後來才想到不可能呀，因為白鷺鷥都是站著睡覺的啊！之後我媽媽才說應該是常在餵養的『大白』送的禮物。」

「這次事情後我們全家才知道我媽常常收到大白送的禮物，我媽說她還收過小鳥、青蛙、蚱蜢等等禮物，說她覺得很窩心，但這次的白鷺鷥整個羽毛完好無缺就像個禮品（？）一樣，真的是大白特意為我媽準備的，ＬＶ等級的豪華大禮啊～！」

唉呀呀，這真是甜蜜的負荷、美好的喵星人報恩呀～！

至親

（本篇由照護人 Sy Nyu 撰寫，並獲同意刊出）

「為了寫一首詩，你必須遇見許多城市、許多的人與物事，你必須了解動物，必須感受鳥兒如何飛翔，並且學會辨識，花朵在清晨延綻的姿勢。」

——里爾克《馬爾特手記》

我的貓，從兩個月大的小男生，到現在應該算是百歲老爺爺了，我們參與彼此生命中那些認真的，非常喜非常憂。而 Leslie 的絕對天賦，讓這個冬日午後的「溝通」，我想，或許是我和他有生之年，唯一一個聽見彼此的甜美時光。

一開始，他就讓 Leslie 看一碗「白白的，爛糊糊的」，他說「不要這個」。Leslie 問我，這是什麼？這是他的晚飯啊，因為他老了，我總是努力把魚肉壓得爛一些，想說比較好嚼。他從小就挑嘴，這也不要，那也不要，很費心。這不就是他這陣子肯乖乖吃完的罐頭嗎？他說「有點膩了。」他給 Leslie 看，他喜歡一種「紫咖啡色的」，是什麼？我想了又想，晚上弄了一碗

「媽媽事先都有跟我說，她會不在家……我不知道可以要求。」
「他說……他不知道可以要求。」（Leslie 重覆了三遍）
你當然可以要求！媽媽答應你。我聽到自己發抖的聲音。
畫面傳來，Leslie 在桌面模擬著一雙小手爪屈屈伸伸，他開心啊，我們笑了。

有時突然看著我喵一聲，是在跟媽媽說話嗎？說什麼？聽到我咳嗽時，會喵。偶爾晚一點回家，會喵「妳今天晚回來了」。他給 Leslie 看我在家裡的一個畫面，Leslie 問說妳在家裡會踱步？但我沒踱步的習慣呀……Leslie 說明，妳踱步時，他會喵說「不要心煩」。啊我知道了，那是我在三個大書櫃前來來回回，在找書，想說這書明明我有，到底放在哪裡了？好，我會記得，「不要心煩」。

他是一隻不「縱欲」的貓，Leslie 說。不怕人，但亦不與其他人親近；不愛大口大口進食；不激烈玩耍；也不在別人面前翻肚子；或者睡相大剌剌。他是。他從小就是一隻謹謹慎慎的貓，不曾吐髒自己的床，也從未把我書桌上的任何東西撥到地上，一隻接近龜毛，活了二十一歲的貓。

Leslie 對我的人生完全不認識，整個過程也不曾詢問，但當 Leslie 說出，他說「跟媽媽是相依為命的感覺。」那一刻，我好感謝這二十一年來，日子裡最親的生命，緊緊揪在心裡的他。Leslie 的出現，絕對是衷心感激的緣份，她讓我和他在有生之年，那麼幸運，又清晰無比的，聽見彼此。

From Leslie：

「於是我開始相信，有些比較單純的靈魂，雖然披著動物的身軀，終生不講一句人話，壽數只有我們的五分之一，但明明就是上天分配給我今生的至親。」

——《陳明珠愛我：貓來了是要教人得療癒》

有一天我翻閱到書中這段文字時，立刻想起那個和 Gigi 聊天的冬日午後。

那個下午，風和日麗，我記得我們約在富錦街的一家咖啡廳，我記得 Gigi 跟我對話時懶洋洋的不大搭理的語氣，但是給照護人的話語卻又如此真摯簡單，我記得照護人與 Gigi 彼此深情又溫柔的互動。

我記得那個下午，愛的流動。是彼此唯一、彼此至親的愛。

對動物的溫柔

故事一，橘貓

在咖啡廳，我習慣坐靠窗的座位享受陽光順便觀察路人。我看到一隻橘貓，暖呼呼地用母雞孵蛋的姿勢，享受灑在身上的午後陽光，躺在機車座墊上睡午覺，很美的畫面。

後來機車車主來了，是個像大學生般打扮休閒樸素的男生，掏出鑰匙要牽車。我很好奇他會怎麼對待這隻橘貓。

他先發動機車，橘貓醒了睜開眼睛。他試著輕輕地揮幾下，像揮開雲霧那樣輕柔，橘貓抬著頭看他。他終於出手了，他伸出雙手，輕輕地把貓往旁邊推，但力道不大，所以橘貓只是歪了歪身體，而且表情一副「幹嘛啦～」的不耐煩樣子。

後來這男生，站在自己的機車旁，看著橘貓路霸，無可奈何下，他再次伸出手，把貓往上抱起，挪到旁邊機車的坐墊上，確認橘貓坐好有了安穩的新據點後，才騎上車揚長而去。

故事二，灰鴿

一個下午，我急著過巷子去吃遲來的午餐，餓得發慌。卻看到一輛車停在路中央，因為一隻鴿子停在馬路上不走。他試著再把車往前逼近，但鴿子還是無動於衷。他試著按喇叭，但鴿子還是無動於衷。

不敢往前走怕壓到鴿子，但又不能不前進。我完全可以體會車主的焦躁。這時後方的車不耐煩了，開始狂按喇叭。不怪他，因為他絕對不知道前頭的車停在路上不動是為了一隻停在路中央的灰鴿。

在旁邊的我看不下去，走上馬路，急速逼近把鴿子驚飛，交通才恢復速度。

時常在ＦＢ看到各種對動物的殘忍，但這兩個故事，很溫柔啊，日常的，難得的，給動物的溫柔。

害怕水晶燈

我們家有一個約170公分高的水晶立燈，不開燈的時候單佇立在那，單只是映照日光折射也是道華麗風景。開燈的時候，水晶燈的女王風華姿態完美而霸氣。暈黃的燈光為一個個小小的水晶柱折射出絢爛奪目光采，耀眼氣派。我們家的人都非常喜歡這個水晶燈、來訪的朋友也特別誇讚它。

不過Q比卻非常非常非常害怕水晶立燈中小水晶柱互相碰撞的清脆叮噹聲響，只要水晶燈因為風而晃動、因為擦拭而晃動，Q比絕對會立刻躲藏到最黑暗擁擠的角落瑟縮發抖。

竟然怕水晶燈清脆碰撞的聲音？很奇怪對不對？我也覺得很奇怪。當我第一次發現Q比有這個狀況的時候，我問她到底在怕什麼？

Q比驚恐地回：「很恐怖很恐怖很恐怖，只要那個燈搖晃、有那個聲音，就代表很恐怖有恐怖的事情要發生了！」（瘋狂亂竄的語氣）

我：「水晶燈搖晃怎麼會恐怖？哪有什麼恐怖的事情要發生？」我滿臉問號跟疑惑。

Q比：「有啊有啊，妳也覺得很恐怖啊！」（幾乎尖叫回答）

我？我也覺得很恐怖？我覺得水晶燈搖晃很恐怖？聽到Q比的回答我真的發誓，我完全聽不懂她在說什麼。

此時此刻，我非常懂平常照護人在聽到他們家阿喵阿狗荒謬發言時的一頭霧水。冷靜冷靜，Q比這麼說一定其來有自，我需要好好參透一下她在說什麼。

但我想了很久（這個很久大概有半年那麼久），都想不透Q比的意思。而且我越問Q比，我越是聽不懂。

我日常想到這件事的時候，會隨口問Q比一兩句，她的回答都非常玄妙：

「妳都抱著我看水晶燈，很怕那個燈會晃動。」

「妳都一臉很緊張地看水晶燈，有晃動妳就很害怕。」

「是妳覺得很恐怖我才覺得很恐怖的。」

「妳就很害怕啊！」

天啊，完全聽不懂，而且完全沒印象Q比所指為何。

聽不懂的那段時間，因為找不到病因無法根治，我也只能，盡量，不要讓水晶燈晃、不要讓電風扇吹到水晶燈、擦拭水晶燈時把Q比先隔離到房間不要讓她聽到那個聲音。

非常消極地試圖讓Q比跟水晶燈共處。

也曾想過用制約訓練，例如，聽到水晶燈搖晃聲＝有肉乾吃，但每次一要訓練，Q比聽到搖晃聲就好像天要塌下來了，四處找地方躲藏，看了實在讓人不捨。（如果不是家人力阻，我可能早就把水晶燈送人了）

無預期地，有一天，謎底揭曉的那天來了。

那天，我歪七扭八地躺在沙發上看電視，Q比躺在我旁邊睡覺。畫面一派祥和，但突然天搖地動，地震了。

原本沒骨頭爛軟地癱在沙發上的我瞬間坐正，下意識第一個反應，是看水晶燈。我立刻緊張地轉頭看水晶燈有沒有搖晃，來判斷是自己頭暈還是真的有地震。

因為太害怕要逃命的時候找不到Q比，所以我迅速把Q比抱起來，前去查看水晶燈，確認水晶燈真的在搖晃之後，我緊抱著Q比立刻奔向我家大門，把大鐵門打開，以免門框因為地震導致變形無法逃生。

最後，我緊抱著Q比直到地震停止。

等地震平復下來後，我恍然大悟：Q比很怕水晶燈，真的是因為我的緣故。

我因為地震產生的一連串專業（？）反應動作，把內心深層對地震的恐懼直接延伸給她。她不知道我在怕什麼（奇怪動物不是應該要對地震這種天然災害很未卜先知嗎），但她聰明地知道，因為我先去看了水晶燈，確認搖晃以後立刻開始恐慌。

所以Q比小小的腦袋判定：這一切是「因水晶燈而起」。她自然而然發明了全新等式：水晶燈只要搖晃＝天要塌下來了。

我之前以為Q比在跟我練肖話，沒想到這一切都是真的，這一切都是Q比對我的細微觀察。

而這些我沒放在心上的小動作，卻巨大而深遠地影響了Q比的身心狀況。我感到不可思議。（跌坐在地）

破案之後的日子，我總是口頭跟Q比說搖晃聲沒什麼好怕的，這真的不恐怖～（搭配手撥弄水晶柱）

然後又是換來Q比的一陣亂竄。

我想著，要Q比不要怕水晶柱搖晃聲也許就像要我不要怕地震一樣吧，畢竟她現在對水晶燈的恐懼，是札札實實地，複製了我對地震的恐懼。如果一件簡單的地震反應，可以這樣直接地教育Q比對水晶燈搖晃的恐懼，這邊又可以帶來另一個延伸思考：那我們平常的情緒狀態，又有多少直接延伸到毛小孩身上？毛小孩是否像海綿一樣，吸收了我們所有的焦慮或憤怒恐懼，並再向外在世界反應發出？

總之，關於水晶燈，我上了很重要的一課。那是關於毛小孩與照護人之間情緒互相感染的真實實證。而水晶燈呢？因為也無法反向制約訓練Q比，現階段，也只好繼續我們不要驚動到水晶燈大人的共同生活了。嗯，還是你們誰有興趣要跟我收購水晶燈？（錢嫂兜售口吻）

毛孩子連線時的初反應

許多人都會問我，「毛小孩知道妳可以跟他說話，有沒有很驚訝？」其實毛小孩的反應真的不一。

溝通前，我都會請照護人幫我先跟毛小孩預告兩三天：「過兩天會有個姊姊，代替拔麻來跟你聊天，有什麼話都可以跟她說喔！」先有預告，毛小孩有了心理準備，溝通也才較好進行，道理就像沒有小孩會熱情回應陌生人的搭訕一樣。

毛小孩連線時的初反應，大概分成以下幾類：

●高姿態型

驕傲不說話，解套辦法要先問照護人他最喜歡什麼，切入去問。

例如：「聽說你很喜歡吃東西啊～？那你跟我說你喜歡吃什麼～我幫你跟她（此處泛指照護

人）說，她回家就會弄給你吃喔！」

通常要這樣才會打開話匣子。貓居多。

●友好回應型（大部分毛孩子是這反應）

「要跟你說話嗎？可是我不知道要說什麼耶？」

●搶麥克風型

「你們誰要先跟我說話呀？」（看著兩隻貓的照片）

「我我我我我我！我先！我有好多事情要講！我!!」（然後一開口就開始瘋狂大抱怨別的貓室友）

●事業很大型

「就是妳要跟我說話喔？我麻一天到晚一天到晚每天每天都在講！快把我煩死了！原來就是妳喔！快點，我們趕快講一講啦。」

●不相信型

「我麻一直說有人要跟我說話，我以為她是騙人的……沒想到是真的……」（不可置信語氣）

●疑惑型

「為什麼妳可以跟我說話……？」

●山大王型

「妳去跟他們說，那個一條咖啡色的肉、咬起來脆脆的，不錯，可以多來一點。」

「妳去跟他們說，散步要再久一點，現在這樣，太少了。」

●省話一哥型

「嗯」「喔」「對啊」「應該吧」「就這樣」「我不要」

●劈頭客訴型

「妳跟他們說不要再一直討論要不要帶隻狗回家跟我作伴了！我不需要!!」（記得是位短毛黑臘腸）

「這外出籠的墊子有夠難踩！我腳都痛了！不信你們自己進來踏踏看！」（白兔）

●怕生型

「一定要跟妳講話嗎……可是我好怕跟人接觸喔，可以趕快講完結束嗎……」（語氣害羞儒弱）（記得是位黑貓）

●造反心虛型

「妳是要來罵我的嗎？」（你到底最近是做了多少虧心事？）

你覺得你們家的會是哪一型？

在家都在幹嘛

幾乎每個照護人都會共同提出一個問題：「我們不在家時你都在幹嘛？」毛孩子的回答也各式各樣千奇百怪。

●大多數型

「喔，都在睡覺啊，不睡覺要幹嘛？而且你也太晚回來了吧……」（下刪兩千字抱怨）

●神秘型

「不要，我為什麼要告訴妳？」（ＯＳ：八成沒好事）

●心虛型

「喔，沒有啦……沒幹嘛啊，妳要知道這個幹嘛？」

●玩樂型
「我喜歡找各式各樣高高的地方跳！平常你都不准的，我會找各種地方上去玩！」（好發於幼貓）

●覓食型
「一直聞地上呀，尤其那種小格磁磚的地方（註：廚房），常常會發現很多好東西！」（好發於狗，各式各樣的狗）

●不知死活型
「我會跳上桌子找東西吃喔！還會跳上床跟沙發！等你回家前再跳下來就好！」

●騷擾室友型
「一直去找○○玩啊！可是他都不陪我一直睡覺好無聊喔！妳可以叫他不要那麼愛睡覺嗎？」

●被室友騷擾型
「拜託你叫XX放過我……我好想睡覺……」

●苦守寒窯型

「我一直在等你啊，一直等一直等，天亮等到天黑，等好久你都沒回來……」（哭音）

●穴居型

「黑黑暗暗窄窄的地方最棒、最安心了。馬麻不在家的時候我就想去找各種這樣的地方躲起來睡覺。」

●警衛型

「趴在門口！一有聲音一定要叫一下才可以，不然他們不會怕！」（ＯＳ：就是這樣才被管委會投訴的啊……）（扶額）

●瓊瑤型

「看窗外啊，窗外有好多會動的東西，好有趣，我喜歡窗戶！」

你覺得你家的會是哪一型？

想要推車

這天聊的美惠是一隻（有點）驕縱的馬爾濟斯，她的怪癖是很不愛自己走路，出去散步都要人家抱。

「我就很喜歡他們抱我啊，外面很多大聲聲音很恐怖耶！要抱我到一個空曠的地方，我才要下去跑跑跑。」美惠嬌嗲著說。

「妳特別愛被抱，身體有不舒服嗎？」會提出這個問題是因為，很多小型犬都有後腿膝關節不好的問題，我擔心美惠會不會其實是腿不舒服不能走久。

「沒有啊～我就懶得自己走～～」美惠最後還給我拖長音。

「那妳為什麼特別愛要小姊姊抱？」

「因為別人帶我出去，坐在地上很久他們也不理我，可是小姊姊只要我坐一下她就願意抱我起來喔，她超好的。」

「所以妳要抱抱不是身體不舒服或腿不舒服？」我再次確認。

「沒有啊，我只是不想自己走。」美惠的語氣有點不耐煩了。

「啊對了，還有，我想要這個！」（丟推車畫面）

推車！妳想要推車！妳怎麼會知道有推車這種東西！我完全的、感到不可置信。

「因為我有一次出去散步的時候，看到兩隻狗在這個東西裡面，高高的，我都在地上矮矮的看他們。我覺得這樣好棒喔、好舒服的樣子，我也想要這樣可以嗎～？我也想要這個～」

美惠討推車的語氣，十足十像極了百貨公司兒童樓層隨處可見，央著要爸媽買玩具的小女孩。

好……姊姊做溝通師這麼久第一次聽到狗狗許願池要推車的……雖然很扯可是姊姊還是會忠實地幫妳轉達，沒問題……

後面陸續又聽美惠點菜，想吃的東西好多好多、想要的摸摸也好多，照護人姊妹倆都笑鬧地答應了美惠，在快結束前，我問美惠還有什麼話要說？原本以為又會是一堆想吃的菜單，沒想到美惠

突然說一句：「妳可以幫我跟她們說我很愛她們嗎？」

啊，這句話出來，我跟照護人心都軟了。以為是個驕縱的小公主，沒想到是個小甜心來著。照護人感動異常，還嚷著說回去要把美惠的願望都補齊，於是當天晚上我就收到照護人來信，說已經已經立刻上購物網站下訂單了，有這麼深愛美惠的照護人～美惠妳真的好幸福啊！

重視說話的力量

說出去的話，實質的具有力量。如果我們都能夠看重這份力量，重視自己說的每一句話，這個世界可以更不一樣。（大愛傳教模式ＯＮ）

我一直以來都很重視自己在網路散播的話語，因為我知道每一句話都會形成漣漪、都有其效應。

因為我時常收到回信：「看到妳說要每天多鼓勵誇獎自己的毛小孩，我每天都開始跟我的貓說她好美、我最愛她，她變成一隻更撒嬌的貓了，謝謝妳！」

或是「被負面情緒纏繞時，總是記得照妳說的方式做，我的狀態很快就恢復，謝謝妳！」

感受到自己的話是被看重的，是會被遠方不認識的某人收在心底好好實踐的，所以粉絲專頁的文字，我都盡量說好話、講好故事、散播正念。

希望自己給世界帶來好的影響，一直抱持著這樣的想法，以這樣的想法為中心輻射。對家人盡量說好話、對毛小孩盡量說好話、對身邊碰到的人事物以及毛小孩，都盡量說好話。

我經常在寵物咖啡廳「小春日和」工作，有時碰到其他客人的狗，遇到時，小閒聊一下也會、揉弄幾下也會。

有一天，毫無預料地，我收到一封信：

Leslie，我之前在小春日和有遇到妳，當時是帶著我家弟弟去，妳看到弟弟就說「哇你每天都很開心齁！」這句話讓我媽媽非常欣慰，謝謝妳，真的。弟弟5/2走了，11歲，他得了淋巴癌，最後在全家人的懷裡送他走的，今天火化了，心裡有一絲平靜，但想起他柔軟的身體，還是忍不住激動。只是想告訴曾有一面之緣的溫柔的妳，即使我們知道弟弟每天都開開心心，但從妳口中聽到這件事情，依然安撫了我們的心。

那時偶遇弟弟，說的一句話，往後成為一個家庭的慰藉，像熨斗一樣撫平哀慟的心，是意料之外，也是始料未及。

慎重使用話語的力量，因為你永遠不知道說出去的話，會在沿途落下成為什麼種子，開出什麼花、結出什麼果。

所以，正心正念，說好話吧。

這是影響世界最快最好最簡單的方式了。

PS. 感到負面能量環繞自己時，深呼吸，想像自己吸進乾淨清澈的水，再吐氣，想像吐掉混濁的水到很深的地底。如此循環數次，會感到自己內心的悶窒不見，取而代之的是乾淨清暢的感受。

三冠王姆姆

會帶家中貓咪來找我聊天的照護人，除了排除掉一些極端分子如四處鬥毆家中其他貓咪，或是莫名食慾低落，通常會有的聊天主題不外乎三件事：鬼叫、凌晨叫床、亂尿尿。

不誇張，每隻貓一定都會中標一或兩件，更勝者如本篇要聊的姆姆就是三冠王，三件全中。

鬼叫，顧名思義就是莫名原因的鬼叫，從街頭叫到巷尾、從大門口叫到後門口，飯也餵了、廁所也清了、水也換了、也陪公子小姐玩耍一輪了，但就是叫～不～停～

凌晨叫床，就是天還霧濛濛一片，天還沒亮、鬧鐘還沒響前就開始大叫，務必把你從沉睡夢鄉驚醒，通常有時要陪玩偶爾是撒嬌陪摸大部分則是要放飯。

亂尿尿，嗯，需要多作解釋嗎？（苦笑）

姆姆是隻超可愛的橘白貓，是照護人在大學時期餵養的浪浪，餵養一年後，姆姆在一次寒冬

中重感冒住院，照護人才終於收編，正式命名為姆姆。殊不知這是照護人甜蜜又苦命的命運開始……（盛竹如口吻）

姆姆的第一個症頭，鬼叫。

照護人和幾個室友一起住，如果照護人在家，那姆姆就是四處趴趴走；但如果照護人週末需要回老家，姆姆通常就會留在房間內度過週末。

但他完全無法甘於一貓在家，要是聽到房門外傳來動靜或是光從門縫透進來，知道室友在家他就開始大吵大鬧要人家放他出來玩！（好啦其實也算是合情合理的行為）

幸好後來也就在室友的包容下安然度過了，但之後照護人因為要搬家到小套房，她真的非常擔心姆姆會故技重施，不斷地在門內要屋外路過的其他陌生房客幫忙開門，造成大家困擾。（已幻想被房東恐嚇搬走）

跟姆姆聊後，他大爺老神在在地回覆我：「只要她到哪裡都有先跟我講就好了啊。不然她好不容易回家，我好不容易看到她，她又出去怎麼辦？我好怕看不到她！」

照護人聽到後立刻妥協，而且說：「Leslie妳快跟他說，我向他保證無論我去哪，無論是出門或是洗衣服、洗澡，一定會事先告訴他，讓他知道，請他不要大聲叫這樣會吵到人家好嗎？」

我轉達以後，姆姆只淡淡說：「好啦，我會試試。」（感覺很不靠譜啊這小子）

姆姆的第二個症頭，亂尿尿。

照護人說，剛開始姆姆出現亂尿尿症頭時，還一度以為他身體出了什麼狀況，緊張地帶他去看醫生，但是結果身體一切正常。

因為那陣子貓砂都沒換品牌，但姆姆就是會一陣一陣的亂尿，尤其週末如果隔夜沒回家，回來一定會看到一攤尿漬或未乾的尿在他的落砂墊上。

我問姆姆為什麼要亂尿尿？姆姆的答案居然是：「廁所很臭欸！大便很臭我不想進去！」而且姆姆還強調：「有時候（註：週末）她會一整個晚上都不在家，我實在太討厭髒廁所的臭味了，才會尿尿或大便在外面，我想問，如果她不回家，家裡可以給我三個廁所嗎？」照護人這才回想自己的確都是2天才幫他清一次廁所，但當下也承諾姆姆「廁所有臭味」這件事情，一定會努力幫他改善。

好，我們來到姆姆的最後一個症頭，凌晨叫床。（我和照護人忙著談判完全已揮汗如雨）

照護人問：「欸～！你為什麼早上都要吵我，可不可以不要那麼早？」

姆姆立刻快貓快語地說：「我已經有改了欸！現在我都有等到天亮欸！」

照護人頓時語塞回：「啊……好吧！碩士班那時候他真的都半夜兩三點吵。但是問題是雖然天亮了但我鬧鐘還沒響啊！」

姆姆：「可是那個東西（指鬧鐘），會一直叫一直叫一直叫，好吵好吵，妳怎麼都不會起來啊？我都會擔心妳怎麼都不會起來會不會死掉了？好恐怖喔！」

照護人：「拜託～！我真的沒有讓鬧鐘一直叫啦！這簡直就是誣賴！哎呦，Leslie我跟妳說，我其實是不想讓姆姆將『吵我』和『吃飯』連結，想要裝作我不受姆姆影響不要給他回應，期待那樣他就會自討沒趣默默停止的。沒想到被姆姆誤認我怎麼了！哎呦～原來姆姆這麼愛我！」聽完照護人對姆姆的回應，我內心這時候完全已覺得照護人有被虐傾向無誤。

我當下就跟姆姆說：「她沒事～你不用擔心。」結果姆姆給我一副不置可否的死樣子說：「才沒有，她就都不會起床，就要我叫她她才會起床。」

後來照護人跟姆姆約定好，她早上會跟姆姆說：「我很好，沒事。」如果她這樣說，就再讓她睡一會兒別吵她了吧～

所以，三冠王姆姆的鬼叫、亂尿尿、凌晨叫床的談判記錄到這邊告一個段落。讓人開心的是，平常貓咪談判一、兩項都還不一定有進展，或是只有一項有進展，姆姆因為很愛照護人，竟然三項都有改善，真是太神奇了姆姆！

以下為照護人回信紀錄：

鬼叫

一直到現在，我已經搬進新家半個月了，期間我洗澡、去頂樓洗衣前一定會跟他說，甚至有時候他在喝肉湯喝得正爽，我說：「姆姆～媽媽要去幹嘛幹嘛blahblahblah」，他會停下來然後回頭看我，好像就是他知道了那樣！而他真的都沒有大聲嚷嚷，他真的很棒棒！他有把我的話記在心裡！

亂尿尿

現在，我每天都會把他的臭便便撈起來沖馬桶去，還幫他的廁所裝了抽風扇！根本就超高級廁所啊！大概是真的不臭了，姆姆滿意了，搬進新家半個月了，家裡都很清爽喲！

凌晨叫床

當姆姆又在鬧鐘響前叫我，我會跟他說我很好我沒有事，可是我好累喔！可不可以讓我再睡一下～鬧鐘響我就起來，然後用肉湯給你喝好嗎？

說也奇怪，他現在真的就只是吵一下，然後等自動餵食器掉下乾乾吃飽後，他甚至是回床上跟我一起繼續睡，直到鬧鐘響再一起起床！我整個得到了救贖啊！超級感動的！

寫到這，我想這應該是我人生第一次跟三冠王貓咪聊天，還三件事情都談判成功有改善的紀錄吧。只是這樣的三冠王，真的太傷腦細胞了，偶爾一次就好，不要太多口以嗎～～～（淚跪）

分離焦慮

很多狗或貓都有分離焦慮的問題，照護人一離開家就哭倒長城或鬼叫漫天響。當然捨不得拔麻離開、怕無聊寂寞，是最直接的原因聯想。

但在這邊有另一個思考角度。

在大自然的環境下，母獅不得不拋下一窩小幼獅去打獵時，一定會先把小獅藏好，因為那相對意味著一窩小幼獅將暴露在危險之中，每次出發去打獵都是一次大賭注。這時正是其他肉食性動物，例如鬣狗飽餐一頓的好時機。所以對於幼貓幼犬來說，「家長」的離開=生死交關之際。這樣的本能恐懼是刻畫在基因裡的。

這時候後排同學發問了：「但我家狗已經是成犬了，怎麼每次我出門他還是哭倒長城？」

我們必須思考的是，因為人類豢養毛小孩的關係，所以毛小孩「從未離巢過」，獅子、鹿、斑馬，會被強迫離巢學習覓食，但毛小孩不用，所以他們就某個角度來說，一直是幼貓幼犬的心智狀態。

該怎麼做？我們不妨思考，「該如何讓一直在家自學的青少年學習獨立？」別忘了，我們不是要讓他「不害怕」，我們是要給他「相信自己可以」的自信。

我想像，如果要讓在家自學的青少年學習獨立，不外乎讓他建立自己的社交圈、多接觸不同的外在事務刺激，對應到毛小孩身上，可以延伸為：

1.多帶他出門社交，必要時放手讓他自己與其他毛小孩練習相處。讓他建立「應付外在事物」的自信。

（貓咪的照護人要再仔細評估跟找資料，因為有些醫師建議遛貓有些不建議。）

2.多多「口頭灌輸」他，自己在家很棒、他可以自己處理這件事的。

3.離開家前，確保家裡有a.足夠的b.新鮮的玩具，可以讓他分散注意力。（玩具平常不玩時要收起來保持毛小孩對玩具的新鮮感）

4.離開家前，可丟美味的、讓他一頭埋進的食物，以Q比來舉例，是可以嚼很久的肉乾。或是我出門前、正好是Q比的吃飯時間。

5.足夠的散步或玩耍消耗精力，道理就像如果失戀的時候狂跑步，體力精力耗盡、就會累到無法鑽牛角尖遺憾失落。

切忌，不要在出門前十八相送，並用哭腔跟毛小孩說：「馬麻晚點就回來了～不怕不怕喔～秀秀～晚點就回來了。」這樣真的很像你離開家後浩克就要打來，聽起來很不妙。

冷靜地、輕輕地跟他說：「我走囉！晚上見！」並丟下餅乾零食就好。

祝福大家的毛小孩別再苦守寒窯哭倒長城。

我不會說話

我一直都很糾結於自己是個很不會說話的人。

睡前總是在反省，今天A子說的那句話的弦外之音，我怎麼現在才意會過來？

那時候B子在聚會場合時這樣的反應，是受傷了吧？我怎麼沒想到幫她圓場？

不誇張，我的每一天每一天，都活在這樣的糾結反省中。覺得自己不夠細膩、不夠了解別人的立場、不夠懂事。

而這樣的我，竟然是動物溝通師，是專門翻譯不同物種語言的行業，有時候覺得是上天挺有趣的安排。而透過動物溝通這個工作，我總在邊翻譯時，邊暗地裡羨慕著毛小孩們的直言坦率，還有他們那種，想什麼就說什麼的個性。

有位朋友家中有七位貓咪，其中一位三花貓 Kiki 這陣子身體不大舒服。Kiki 雖看過醫生，

但食慾仍然不振，而且還愛躲在衣櫃裡面大半天的不出來。聊一聊後 Kiki 竟抱怨家中的另一位貓咪小橘，說：「我躲在衣櫃裡、不想出來時，叫小橘不要一直來偷看我好不好！」

朋友聽了會心一笑，說：「因為我和小橘『兩人』的確是家中最常去偷看衣櫃裡的 Kiki 的。」

我轉頭問小橘：「為何要一直偷看 Kiki？」

小橘直朗大聲地說：「我擔心啊，你們難道都不擔心她死在衣櫃裡？」

我迅速地轉達後，看到朋友夫妻倆神色一震，立刻抱歉地說：「對不起，我應該要修飾一下再跟你們說的，貓咪真的太直白了。」但朋友夫婦倆卻連聲說：「沒關係，這就是我們家個性白目的小橘會說的話。」

「而且啊……」朋友喝口茶繼續說：「小橘童年其實有過創傷。小橘和他的馬麻一起在我家樓下生活了一段日子，但有天卻發現馬麻突然死在車子下面，很黏馬麻的他因此暴瘦且憂鬱，好一段時間才恢復，一定是這樣的經驗讓他成為家裡唯一擔心『死亡』的貓吧？其實想來也挺感傷的。」

我內心震驚了一會，我完全沒想到小橘的直率發言，背後竟藏著這樣哀慟的故事。後來因為家中還有五貓要聊，這個話題沒有持續太久，我們又回到攻防 Kiki 不肯吃飯的話題上。

那天溝通得很順利，回去後貓咪們也各有進展。

但我前面說過了，我就是每晚睡前是會按慣例回想一整天發生過的事情，再來好好自責的人。（根本有病）

我那晚想著朋友立刻理解小橘坦蕩發言後的箇中原因，並立刻諒解。想著，也許夠了解你的人，真的不會在乎你會不會說話。他知道你每一句話的意涵、知道你說與不說的在乎或貼心、知道你用字遣詞的每一個仔細。

我想著，是不是我不夠信任我的朋友對我的愛，所以我總會擔心自己說錯話為彼此的關係生刺。如果我夠有安全感，是不是也能像小橘這樣暢所欲言了？

我是不是該學習信任朋友？放下無謂的不安全感跟無意義的小心翼翼？

我是不是該學習信任身邊的人？坦蕩蕩發言而無需在心裡上演一百個小劇場？

想著想著我就睡著了，我知道，第二天醒來我還是那個說話前擔心自己說錯話、說完話又因為失言自責的我。但我想，我可能透過動物溝通、透過小橘，又了解自己恐懼的源頭一點點。

希望明天可以做一個更好的我。

一個更不害怕說話的我。

造反的原因

動物溝通做久了，幾乎所有毛小孩會有的問題行為都聊過一輪。亂尿尿、吠叫、攻擊、舔腳、過度舔毛、破壞家具……一段時間沉澱後，我觀察到這其中有一個共同的原因，就是天性使然。

別誤會了，我並不是說狗或貓天生就是破壞王麻煩精，我的意思是，是我們，是人類，要豢養毛小孩，所以毛小孩被迫離開自己應有的天然環境，到了完全人工的室內居家環境居住，而他們的一切天性是搭配他們的天然環境而生的。到了我們的環境，他們的習慣與天性，大多數時刻是不搭嘎的，是需要砍掉重練的。

例如，很多狗不能理解為什麼大小便要集中在一個地方，想上哪就上哪啊，自己的味道越廣越好不是嗎？

例如，很多貓不能理解為什麼不能抓沙發，把自己的味道還有痕跡遍布在自己的生活周圍，這是應該的呀！

例如，很多狗不能理解他為什麼不能咬家中的家具&垃圾桶，用嘴巴探索生活環境，聞聞嗅嗅咬咬，本來就是該這樣認識環境呀。

如果把他們放在自然環境，這一切都很合理。但到了我們的人工室內居家環境，這一切都需要被「教育與調整」。

最佳的舉例場景，大概就是卡通《海綿寶寶》裡面，海綿寶寶跟派大星如果需要進到松鼠珊迪的家時，都需要戴充滿水的安全頭盔才不致乾死。（註：珊迪在海底有一個特殊的、充滿空氣，且不會進水的玻璃球居住）到一個對自己來說完全相反的陌生領域作客尚且如此危險，如果是直接落地在那裡生活，想必更是處處綁手綁腳，各種不方便。

因為那原本就不是屬於你的生活環境。

養毛小孩很快樂，但有時候我會想，為什麼人類會需要奪取其他物種的嬰兒來自己撫養，跟自己生活，以達到生活中的另一種快樂目的？

好困惑。

（一個月後補續寫）

那天晚上我第N次被莫名的小事擊敗，我睡前抱著Q比在床上耳鬢廝磨，感覺多少的負面情緒、多少的優柔寡斷、多少的細碎糾結，都在她的乳白色毛髮中消弭了。剎那間我理解了我上個月寫下的文字的疑問：養其他物種的嬰兒來跟自己生活的目的是什麼？

是希望獲得愛、希望獲得認同、希望獲得被依賴、希望在這悲慘無法控制的瘋狂世界中獲得一點點的存在價值。

在這個世界上，這個刀光劍影的世界，知道家中一方角落，總有個靈魂無條件地愛自己、接納自己、擁抱自己，真的真的，是如此安慰的一件事。

套句網友Nana Lin曾在我的粉絲頁回覆的留言：「就算世界再險惡，我也知道我活在愛裡。」

那是甚至無法用筆墨形容的感激般的存在。

到底原因是什麼

朋友W也是位動物溝通師，她說話貼心細膩，有一份做得開心的正職工作，所以動物溝通是她偶爾的兼職。有次吃飯我們互相抱怨最近遇到的毛小孩與難纏的照護人時，她跟我分享個有趣故事。

「我前陣子遇到兩隻貓很有趣，他們是兄弟，但是都會亂尿尿，搞得照護人快崩潰，只好求助動物溝通師。」

「可是問題是，他們聊什麼都可以喔～吃的喝的玩的，還有抱怨彼此什麼這個愛弄我才沒有他才愛咬我之類的。但是一聊到亂尿尿，他們就好像說好一樣，不回答欸！不回答！我當場都很尷尬，我很想給照護人一個什麼答案，但是又不能自己瞎掰，真的很尷尬！」W邊說邊喝口水，看來真的被這兩個死小孩搞得頭痛的樣子。

「那先聊別的話題試試看，等一下再兜回來呢？」我想著要是我就會這麼做。

「沒用沒用～就是兩個小孩很精，講什麼都熱熱鬧鬧劈哩啪拉，但就是講到亂尿尿就給我開靜音，當時真的很崩潰。」W擺擺手一副沒輒樣。

「那後來怎麼辦？就這樣結束這場對話嗎？照護人應該很不開心吧？」我完全可以想像照護人想解決的問題無法解決面色鐵青的樣子。

「其實還好，那位照護人可以體諒，因為聊其他事情都很順而且都跟現實情況很對應到，她也有獲得其他有用的資訊，只是當時針對亂尿尿這件事情實在沒招，我也只好跟兩隻貓說：『你們要乖乖地，這樣亂尿尿，大人真的真的真的很困擾。尿尿就要在貓沙上知不知道！』就這樣結束這回合。」看來W真的已盡全力。

「結果奇妙的是，過了一陣子，照護人竟然回信給我。」

「她說，自從溝通以來，雙貓已經很久很久沒有亂尿尿了。相較之前瘋狂的狀態，現在真的穩定很多。雖然溝通的時候他們沒有給解答，但是總而言之莫名其妙地，問題還是解決了。」W一口氣說完，我卻在旁笑到快岔氣。

「所以他們不願意講可是耳朵卻開著的，根本叛逆青少年啊，摔門歸摔門，可是話還是有聽進去～！咦，怎麼講一講突然覺得好溫馨喔。」我笑著說。

「就事情解決了是很開心，可是我還是很想再跟他們連線，跟他們說：『我求求你們跟我講到底是為什麼亂尿尿好不好！』實在太想知道答案了，好想跪求解答！」

W到此完全崩潰。

「有些事情就這樣吧，一輩子也不會知道答案，但事情解決了就好，哈哈哈哈哈。」我拿起酒杯跟W乾杯，後續改聊其他趣事。當時的我很慶幸雙貓不是我碰到，但沒想到，命運的吉他不是這樣彈的，沒多久，我也碰到類似的事件……（沉重背景音樂緩緩響起）

事情是這樣的，沙瓦，對，上一本書提到的那個不肯在家裡上廁所的伯恩山犬沙瓦，這次又擱來了，但這次的問題是，沙瓦的麻麻生妹妹了，他最新狗生志向就是假裝看不到妹妹。搞得他麻麻很困擾，而且很擔心沙瓦因此感到失寵變憂鬱症。

沙瓦一到寵物咖啡廳現場，就大搖大擺地走進來，一度還沒看到我忽視走過去。後來跟我正眼對到後，搖搖尾巴、親熱一番後我開始進入正題。

我：「聽說你都欺負妹妹對嗎？」

沙瓦：「哪有～！我才沒有～！」

照護人：「明明就有！他都不讓妹妹靠近他，連摸一下都不可以～！」

沙瓦：「哪有！我明明就有讓她靠在我旁邊！」（給我一個他趴成半月形，妹妹坐在彎起來的地方）

沙瓦：「叫他們不要再把妹妹整隻（？）抱到我身上啦！」（我OS：現在是在兇幾點的？）

剛抱怨完妹妹，開始抱怨伙食。

照護人：「你真的很小氣欸！為什麼妹妹碰過的食物，你就不要？你不是很愛吃嗎？」

沙瓦：「因為她吃過有怪味～！我不要吃！」

照護人：「那為什麼我吃過，你就願意吃？」（照護人解釋：沙瓦很堅持妹妹吃剩的他絕對不吃，但如果是水果類的，同樣一塊，照護人再咬過分給他，他就可以接受。）

沙瓦：「妳跟她又不一樣!!」（非常明顯的在排擠妹妹）

我：「那妹妹多給你餅乾吃～你多喜歡妹妹一點好不好？」沙瓦：

「好啊，但是我吃完就不理妹妹。」

沙瓦：「對了，她都有一個東西很好吃，白白的、脆脆長長的。」照護人：「那是米餅，上次沙瓦有趁妹妹轉頭的時候偷吃妹妹拿在手上的米餅。」

我最後問他想跟妹妹說什麼？原本以為會是什麼感人的話或是怒吼不要靠近我！沒想到沙瓦想了一下，停頓一陣說：「妳的食物，就是我的食物喔～」

那天溝通，整個感覺溝通師功能是幫沙瓦解氣紓壓用的。就是聽他抱怨妹妹、抱怨伙食、抱怨不開冷氣、抱怨這抱怨那，抱怨 everything～！

所以坦白說我並沒有期待他會因此接納妹妹，我想著：「這種事情也勉強不來的吧，我小時候我姊跟我感情也不好啊，長大應該就沒事了。」萬萬沒想到！命運的吉他不是這樣彈的！（這個梗是要用幾次）

溝通後一週，照護人回信：

嗨～Leslie～沙瓦這禮拜突然對妹妹的接受度增加，

除了禮拜一有對妹妹不屑地噴氣（大力到鼻涕都快噴出來），之後居然可以接受妹妹摸他還有躺在同一張沙發上～！我都要流淚了！立刻拿出雞肉，捧著他的臉大肆誇獎加打賞～！

我那時想，應該是偶然吧？還想著沙瓦應該是被他拔麻孝感動天，願意多陪妹妹一會兒討大人開心，我在回信中還戲稱：「就稱今日為孽子開眼日吧！」

沒想到再過一週，照護人又寫信來，這次信中直接附上一張孽子，喔不是，是沙瓦跟妹妹一起兄妹情深躺在床上睡覺的照片，照護人寫：

我要流淚了！昨天妹妹不舒服他還跳到沙發上面聞聞他妹，我整個一把抓著他的臉誇獎＋打賞他愛的土司！

老實說我也很感動，但我現在完全可以理解我朋友W那時在電腦螢幕後的疑惑。

為什麼啊？不是抵死不從嗎？為什麼啊？沙瓦你可以告訴我你的心路歷程嗎？為什麼啊？當初不是這樣講的啊～！（滿臉問號）

那就，總之，生命有很多不可預測，動物溝通也是。（好胡亂的結論！）

動物也有想講的事情跟不想講的事情，我猜沙瓦大概上次動物溝通時有被他拔麻重視他跟愛護他的心情感動了吧，所以才願意接受妹妹，親近妹妹。

也只能這樣解釋了啊！不然呢？沙瓦恭喜你孽子轉孝子，轉型成功啊！（超級胡亂的結論）

彼此的貓生良伴

（本篇由照護人Kuri撰寫，並獲同意刊出）

「聽說，罐頭是1801年發明的。」「嗯。」
「而開罐器直到1858年才發明出來喲。」「……咦？」
「所以啊，有些非常重要的東西，其實是後來才出現的呢～！（笑）」
——日劇《最高的離婚》

身為一個長時間在家和貓大眼瞪小眼的貓奴，其實對自家二貓的性格多少還算能掌握；只是大概被栗子（之前的貓）和妮妮和樂融融的相處模式給寵壞了，現在看妮妮每天跟柚子追趕叫囂練拳頭練得不亦樂乎，總是抱著一點卑微的希望，想說好好給他倆溝通和解一番，說不定可以放下屠刀（？）化暴戾為祥和這樣。結果勞動了Leslie居中協調老半天，我發現果然自己還是太天真了……

因為這兩位就是雷打不動的SM咖啊。（轉頭）

比如說，聲稱妮妮好兇好可怕的柚子君，被問到說為什麼常常在浴室這類退無可退的地方鬼吼鬼叫？明知道這種叫法妮妮一聽就會衝進來堵他不是嗎？結果柚子很理所當然地回，「啊我就好無聊嘛，這樣那個惡婆娘就會自己進來陪我玩了啊。」

比如說，半夜人類都在睡了，不要打得驚天動地擾人清夢可以嗎？妮妮怒曰：「那種鬼時間我早就在房間裡睡著了，是那個白目逼我起來揍他的！」白目小柚則繼續理所當然的說，「啊我就好無聊嘛，人類都睡著了沒事做，可是我睡不著啊！不 call 那個胖子起來玩那我要幹嘛？」

又比如說，放在陽台角落的貓砂屋是他倆最常開戰的地方，打也就算了，可是妮妮開始養成很討厭的習慣，一聽到柚子上廁所撥砂的聲音就跑去守在貓砂屋旁來個甕中捉鱉，貓奴還得親手去把胖妮撈走，不然柚子不曉得會被堵在廁所裡唉多久，然後順便把屎尿塊踩得慘不忍睹……

問妮妮，這樣很討厭，可不可以以後不要了？「可是那個時候堵他最好玩啊！為什麼不行！」

（貓奴：……囧）

問柚子，妮妮這樣會造成你不舒服嗎？「還好啦！有時候賽大到一半就被堵比較麻煩，不然

這樣也是蠻有趣的啊！」（貓奴……再囧）

所以，我們家的雙貓生活，繼栗子妮妮之鶼鰈情深之後，上演的戲碼似乎是傲嬌熟女與白目青少年的 SM Happy Life。

貓奴的心中，登時有如一陣秋風掃落葉，如許淒涼……

如果說人到中年有何長進，大約是，年少時無法理解為何莉香如此苦戀爛人完治（註：日劇《東京愛情故事》男女主角名字），現在看《最高的離婚》則覺得任何愛情的形式皆自有其脈絡，凡存在皆合理。

每次看柚子衝著妮妮叫囂，然後如願被追打得滿屋亂竄，就覺得好像看到那種家暴夫妻，動手的固然是男人，可是女的卻總愛牙尖嘴利地大喊，你打我呀打我呀！你有種就打死我呀！

一次兩次，會覺得這什麼爛男人；五次八次，旁人只能沉默以對；幾十次如是而不已，那，似乎也只能說，也是有這樣的愛情的啊。

這次動物溝通的另一個主題，是想確認這兩貓究竟能不能在大人不在家時彼此相處？因為之前清明連假時，幫忙來家顧貓的親戚臨時晚歸，而柚子新來乍到，沒有現場交接完成實在無法放心，所以乾脆地直接送去動物醫院住宿。

而接貓回家時，這小子在摩托車上便怒吼了好一陣，看起來是相當的不爽；而自己在家清淨的妮妮竟不知怎地聲音都啞了。眼看之後總還會遇到人類長時間出門的局面，究竟兩位阿貓想要被怎麼處理？

柚子少爺：「在那邊都一直被關著不能出來討厭死了，連平常吃的罐頭在那鬼地方吃起來都好難吃，我不要再去了！不過就是要自己看家然後沒罐頭只能吃飼料跟自己喝水嘛，在家裡我可以！反正我真的餓了就會去吃去喝呀，妳幹嘛要擔心這個？我要留在家裡啦，有那隻兇妮妮在我比較開心～～」

妮妮公主：「你們都沒有跟我說一聲就全都消失了是怎樣？！你知道我到晚上就很害怕一間間一直找你們一直叫嗎？天氣又熱，我擔心得飼料都不想吃了！我好怕你們是帶著柚子走掉不要我了！下次？還有下次？不能不要出遠門嗎？我不要自己看家啦！要的話至少把那傢伙留下來，這樣至少我不會那麼孤單那麼怕！」

是是是，一切都是我自己庸人自擾搞操煩，自以為這樣安排你倆愛吃的有得吃愛清淨的樂得清淨，對不起，我・錯・了……（已跪）

下次我一定會讓虐戀情深（？）的兩位廝守在一起的，拜託你們要好好相處好好看家啊，然後要記得多喝水好好吃東西不要哪個軟便還是便秘還是尿不出來還是腎指數亂飆啊……（貓奴永恆的搞操煩）

印象綜合起來，我們家的白目青少年果然就是一副欠修理的樣子，跟他說妮妮以前對（已經離開的）栗子可是很溫柔的，一起睡覺互相理毛之類一樣不缺，難道不想這樣和平溫馨的生活嗎？結果青少年非常鄙視的說：「蛤？那不是小貓才愛這套嗎？林北都這麼大了幹嘛要人幫我舔毛？」

（想到我們家的人小孩十年後大概講話也是這麼欠揍，我都沒力了）看來恐怕要等這位春風少年兄的青春期狂飆完，自我認同發展告一段落，我心目中溫馨的家庭生活才有機會實現吧。

只能自我安慰說，至少貓的青少年期應該比人短很多，先適應一下也不壞，不然人類青少年討厭的賀爾蒙爆發可是有好多年，到時候是要怎麼活唷。

關於已經離開的栗子。

而傲嬌的女王殿下則是比我原本所想的還要纖細許多，一開始講話一點都不坦白（傳說中會避重就輕的寵物都是真的啊），後來怒了聊開了才開始大爆發。

尤其問到栗子過世對她有什麼影響時，Leslie 駭笑說，我被貓罵欸！她罵我問這什麼鬼問題啊，是不知道我可是過了好久好久才比較平復一點逆！（搞不好其實罵得更難聽吧可是誰會了解殿下這麼纖細的心情啊啊）然而聊到栗子過世的那晚，妮妮說，她好擔心好恐懼，只能在黑暗中一個人不停繞著栗子團團轉，那個場景，又讓人忍不住對她的深情一整個心疼起來。

很認真的覺得，來過我生命中的毛孩子，每個都是很棒的好孩子，栗子如此，妮妮，柚子也如此。而他們在彼此的路上，是否也是對方的良伴？柚子才來不到兩個月，或許兩者間的尖稜砂礫還待磨合，但，時間還很長，所謂重要的，足以堪稱命定的那種相信與愛，我還是相信會慢慢成長起來的。

這次藉 Leslie 打開的那扇窗子，讓我發現，家裡那兩隻打得滿地生塵的傢伙其實已經奠定了不錯（!?）的感情基礎，嗯，很好很好，讓我們就這樣繼續看他倆，打下去……（遠目）

From Leslie：

許多朋友生一個小孩已經七葷八素，日子熱鬧得不得了，但他們幾乎十有八九，總有勇氣再拚一個。我總是驚訝地問：「照顧得來嗎？怎麼會還想再生？」他們的答案十有八九都一樣：「想讓他／她人生伴侶永遠有一個伴。」

我想對照護人 Kuri 來說也是這樣的，妮妮一直以來都有栗子的陪伴，驟然中年喪失貓生伴侶，其憂鬱陰沉可想而知。

而家庭新成員「柚子」的加入像一抹陽光一樣，他鬧妮妮、他纏妮妮，但他也愛妮妮、也繞著妮妮。

妮妮似乎也因為這樣有精神了起來。打架吵架，是新生活的主軸。希望柚子跟妮妮在彼此貓生道路上，也是彼此的良伴。

PS.1 跟妮妮和柚子聊天是一年前的事情，聽說現在兩位已經會窩在一起睡。妮妮最近鳳體微恙，躲在窩裡休息的時候，柚子還會前去舔舔表示安慰～（手比愛心）

PS.2 白底虎斑是妮妮，虎斑是柚子。

誠實豆沙包

有時候跟毛小孩聊天，其直言不諱的程度都讓我為他們捏把冷汗。我想他們都是吃了誠實豆沙包才上陣的吧～（才沒有）

以下為精選整理報導：

●爽當大爺組

「我都趁他們不在家的時候上床睡覺，而且我還要到那個蓬蓬的地方比較舒服比較好睡（估計是疊好的棉被）。」

「然後趁他們回家前再跳下來就好。」

●皮很硬組

「我把拔打我我不會痛喔！我只是故意叫很大聲，因為我知道這樣他很快就會停止！」

●撒嬌萬靈丹組

「你問我麻生氣我知不知道喔？我當然知道啊，可是我只要很用力把我的身體靠在她身上她就好了啦！如果這樣還不行最好就閃遠一點，晚點再過來用鼻子頂她的手，她就不會氣了啦！」

●眼神渴望組

「我跟你說喔，我拔麻吃飯的時候，我只要坐在旁邊，很認真地一直看、一直看、一直看，他們就會給我吃一點喔！」

●尖叫萬靈丹組

「抱抱不會痛啦！我是故意叫很大聲的，因為只有這樣她才會放我下來。」

●秘密基地組

「所有的玩具我都藏在沙發下面喔，但妳不要跟我拔麻講，他們都會去拿走藏起來！」（好我答應你，噓）

●不吃是為了吃更多組

「我是故意飯剩很多不吃的，因為我麻就是要這樣看到以後，才會幫我加肉肉吃！如果我把飯吃光，她就不會幫我加肉了！」

註解：誠實豆沙包，吃完了30秒之內說的話會誠誠實實，是90年代新科技的產品！

獸醫聊動物溝通

朋友的朋友Ｆ是獸醫，一次咖啡廳的聚餐，把我們湊在一起。

Ｆ神情爽朗，講話清晰富邏輯，笑聲極富感染力，是個極真性情又聰明的女生。那天她沒穿醫師袍我也沒在連線，都不在「ＯＮ檔狀態」，我們幾個遂一人一壺茶，嘰哩呱拉地聊著毛小孩瑣事。從流行犬種聊到遺傳疾病，再從遺傳疾病聊到自製鮮食。有毛小孩的人聚在一起，就跟有新生兒的母親聚會一樣，有聊不完的話題。

「其實我還滿想了解動物溝通的，如果能讓我信服，我也會想去學學看。」Ｆ啜一口茶後朗聲說道。

「真的嗎？我還以為妳們獸醫對動物溝通都很不信任。」內心的我知道，講「不信任」三個字描述，恐怕都還客氣了點，我覺得正確點來說，應該是很嗤之以鼻吧。

「因為最近越來越多客人，會參考動物溝通師的意見後來問診，有時候其實會有些很神奇的對應處。所以會讓我覺得，如果動物溝通是真的有用的話，我也想去學，想用在工作上。」F神色認真，看樣子她是認真的不是客套話隨口說說。

「那妳會想怎麼用？開刀的時候問貓咪這樣會不會痛嗎？」我看F神色認真，就壞毛病起來又想開點無聊玩笑，撐不起太嚴肅的場合是我的罩門。

「唉呦～當然不是啊！是毛小孩不舒服的時候，直接問他們是哪裡不舒服。」看來F是真的有認真想過學動物溝通對臨床治療上有什麼幫助，才可以立刻回答那麼清楚直指核心。

「可是毛小孩，就跟小孩一樣喔，你問他『哪裡不舒服～？』他也只能回些『肚子痛痛的』『腿怪怪的』，不大可能可以獲得『橫隔膜往上約莫三公分』這種精確的答案。」我怕F把動物溝通想得太神，所以加強說清楚毛小孩的答話邏輯。

「欸，可是這樣就很夠了，真的。有時候診療中會真的搞不清楚毛小孩現在是什麼狀況，完全喔！完全摸不著頭緒。血也驗了X光也拍了能做的都做了，但就是查．不．到，這時候如果有個具體的區域可以去追蹤，真的就會幫助很大了。」看來F果然是第一線的，她講的事情我從沒想過。

「唉呦，我是希望，如果有天能像小兒科問診小孩一樣，直接跟毛小孩問診，就真的是太棒了啊！」F說這話的時候眼睛幾乎閃出星星，我想她是真的期待有這樣一天。

「那妳有體驗過動物溝通嗎？」據我所知F有養兩狗一貓，皆高齡。

「有啊，可是那一次，對方只有講對一件事情，其他都跟現實有點出入，所以感覺有點不確定。」聽到這裡，其實我有點佩服F體驗過的動物溝通經驗不是極佳，還願意相信動物溝通。

「那妳要不要試試看跟我約，我來跟妳們家的毛小孩聊天？」我超級想給F一個良好的動物溝通經驗，我想讓她信任動物溝通，我內心這樣吶喊著。

「好啊好啊好啊，欸我還有買妳的書耶，當然好啊。」F興奮地回答。

於是我們當場約起了下次見面的時間。

那天很快到來，坦白說我要跟F的橘貓紅豆連線前是有點緊張的，甚至有種背水一戰的絕決感。沒辦法，我太想說服獸醫動物溝通這件事了。

沒想到F的紅豆，先是說自己最近最愛吃飼料跟膚色的肉，但F已經很久沒給飼料，就連肉都是給紅色的生肉。之後我問紅豆家中長怎樣、家中的格局？紅豆也答得七零八落。絕望之餘我苦著問：「請問我可以先跟狗聊天嗎？」

F欣然同意後，我轉戰另外兩狗——黃金獵犬Shuffle跟米格魯Bennie。

也許是狗較老實（？），也許是狗高齡，個性較成熟穩定，但總之，黃金獵犬Shuffle完整說出房間格局，米格魯Bennie也完全無誤地說出客廳格局。

家中各毛小孩自己敘述跟其他毛小孩互相對應的關係也是正確的，Shuffle黏把拔，覺得Bennie很兇，Bennie容易為了爭寵爆怒，只要人類其他動物都不要。紅豆則是活在自己的世界裡。

我這才落下心中大石，順利完成這場溝通服務。

那天回去後隔幾天，F回訊我補充：「我今天跟我同事聊我動物溝通的過程，他們有幾個默默地說，他們在我不在時，有偷偷餵紅豆吃飼料。還有幾次，他們把生肉加熱變熟了，所以妳才會看到膚色的肉，但也有可能是鮪魚，紅豆很愛。」

恍然大悟。這樣一開始我們聽不懂紅豆說的話就說得通了，至於空間表達七零八落，我想，紅豆可能是屬於空間感不好的小朋友吧。

後來F陸續詢問我一些動物溝通的自學書籍，也有來聽我的講座，也搜尋相關課程，並且私訊找我討論。

後來我也有幫F的獸醫同事做動物溝通的服務，似乎，也讓他跟動物溝通拉近一點距離。

動物溝通啊，希望未來真的可以跟獸醫合併，造福毛小孩。

我衷心期待這天。

貓咪，晨型人訓練器

最近溝通發現好多貓咪都會在早上「靠么」，而且手法各有不一，以下是幾種類型。

●哭倒長城型

以一種哭倒長城孟姜女的氣勢，蕩氣迴腸迴旋不已，喵～～嗚～～喵～～嗚～～～～無限拉長音尾音還會顫抖，不明究理的鄰居也許還會以為又是哪個下流胚搬家把貓留在原地，殊不知只是周末睡得久了一點，貓就餓到穿腸肚彷彿沒有明天。

●餓瘋的浩克

四處毀壞東西，記得用自己巨大體型的優勢用力撞門、撞紙箱，以及把所有的一切弄倒，是的當然包括照護人電腦桌上那個裝了水的馬克杯。以一種佛擋殺佛人擋殺人的氣勢，毀壞路上看到的所有東西。記得，務必用最小的力氣發出最大的聲音，吵死那個因為昨天趕報告凌晨三點才睡的不肖的人類。

●安妮、安妮你還好嗎？

看著人類張著大嘴呼呼大睡好像還流了點口水嗎？不要懷疑，貓掌輕輕地巴下去，用一種「安妮你還好嗎？」的溫柔呼喊方式叫他起床。記得，只要能夠弄醒人類，上完廁所在掌上留點砂與屎是必須的，這樣才能給他們這些不肖的貓奴一點警惕。

●惡靈古堡喪屍型

啃你的腳啃你的腿啃你的被單，再不醒就舔你的頭髮舔你的臉，再不給食物我就吃你～～！啊嘶～～！身為照護人的你唯一要做的事情就是一三五勤練瑜珈、二四六慢跑，記得把肌肉練起來、體脂率練低一點，貓咪們的嚼勁口感才會好、身體才健康歐～

你家的貓，是哪一種？兜基！

未卜先知安全警語：貓咪過重有礙身心健康，以及主人肋骨。

毛小孩的神回覆

動物溝通時，照護人經常會拋出長期讓他百思不得其解的問題，而毛小孩卻能三言兩語，就立刻解決，而且還很有道理。

我常覺得，原來，從毛小孩的觀點看世界，一切都是如此理所當然。

例一：喜歡哪位醫生？

貓咪因為身體有些狀況，照護人就順勢問，比較喜歡哪位醫生？細心的照護人還特地先上網做功課，把兩位醫生的照片存在手機裡給我瀏覽後傳給貓咪。

沒想到貓咪噴罵：「我哪知道他們誰是誰啊！我每次去都被按壓著動都不能動，這兩個我看都沒看過，誰知道他們到底誰是誰！」

這樣一說真的很有道理啊，而且就算抬頭也是一陣強光（檢查用聚光燈），更不可能看到臉長怎樣，所以不知道誰是誰真是很合理啊～（是要讚嘆幾次）

例二：睡枕頭的原因

Q：為什麼你每次睡覺，都要睡拔麻頭上，跟拔麻一起搶枕頭？床很大啊，試試看睡別的地方好不好？

三花長毛貓妹妹：「因為睡這邊才不會被踢到跟打到啊。」（理所當然）

這真是一語道破啊，是個無法駁回的神理由啊！

例三：奔往電梯的理由

Q：你為什麼那麼喜歡在馬麻一回家剛開門的那一瞬間往外面溜，在電梯口溜達？（是封閉空間，大家別擔心）

玳瑁長毛貓跳跳：「因為人都出門在那裡待好久，好久好久好久才又進門來，我想知道那裡到底有什麼好玩的啊！」

完全可以理解，他們不知道離開電梯後會到達地球表面。

例四：不舔毛的原因

Q：為什麼你現在都不舔自己的毛、幫自己洗澡？

橘貓Tilly：「因為……舔自己好累喔。現在覺得我的身體變好大，要整個舔完好累喔，以前都舔一下就舔完了，現在都要舔好久才舔得完，好累喔，不想舔。」

照護人：「難怪你以前都會幫自己舔現在不會了，原來是體型的問題啊……」（恍然大悟）

尷尬的職業

擁有動物溝通這項技能以來，我幾乎不曾涉足動物園這個場地。我知道是我內心的怯懦讓我對動物園止步。

我想起以前去動物園遊玩時，大象老虎長頸鹿，在接近閉園時間時，不斷地到休息的門口徘徊，我知道他們是因為管理員在門後準備晚餐，迫不急待進去用餐，但時間沒到，完全不得其門而入。我直視過動物茫然而空洞的眼神，而這些都是我還未擁有動物溝通技能時就已感受到的無奈。

擁有動物溝通技能後，到動物園，會怎麼樣呢？這答案我一點都不想知道。

對我來說，擁有動物溝通技能，挑戰過且永遠不想再涉足的領域，是夜市的寵物街。一家接著一家，一隻隻的幼犬幼貓在玻璃櫥窗裡。

得要說老實話，那天可能是訊號雜亂的關係，我沒有聽到任何聲音，也沒有跟任何動物有「確實的」交集。可是看著一隻隻狀態不好的幼貓幼犬，明顯的病容，精神忒差，瀏覽著各個店鋪中不健康的幼小毛孩子，逐漸讓我情緒低落，而最後一根稻草，是我在一家店最深處，看到兩隻號稱是「豹貓」的混種虎斑貓，而他們的雙眼都被分泌物完全沾黏，無法睜開。

「當然了，你們賣相不好所以他們絕對不會把你們放在櫥窗第一排見客，只是你們的眼睛疾病，他們會好好幫你們治療嗎？你們的眼睛，還會再睜開嗎？如果你們賣不出去，你們又會去哪裡？」我內心不斷地這樣想著。直到我的心靈再也無法承受這樣的情緒，我衝到大馬路上，無法停止地大哭。

文字寫到這邊都覺得自己有點太過了，但當時真的是完全無法控制自己的情緒，只是一股勁地怨恨自己的無能為力。

除了動物園，（劣質的）寵物商店，我想我還有一個不會涉足的場域就是海洋公園了吧。曾看過新聞有野生海豚因為被畜養在狹小的池子裡，相較於以前生活時的瑰麗海底景象，而今是四面空白的牆面，長期下來，海豚終於發瘋不斷撞牆而死。

看到被迫辛苦工作的海豚，我怕我也情不自禁地淚崩現場。（drama queen 上身）

動物溝通師啊，一個企圖和動物同一陣線，但又同樣身為殘酷人類的尷尬職業。

美麗的誤會

大型犬 Eddie 有時會有突然的撲擊行為，雖然已經進步很多，但是馴犬師還是建議出門時幫 Eddie 戴嘴套避免意外，並持續訓練。

照護人問：「他知道戴嘴套是為了不讓他咬人嗎？」

Eddie：「我不喜歡戴嘴套啦，但是戴完都會有很多好吃的東西吃喔，所以我可以忍耐。」

我：「戴完嘴套有東西吃？怎麼可能啊！他是不是誤會什麼了？」

照護人：「喔……（瞭然於心貌），因為我們都是帶他去中正紀念堂散步，散完步後會去兩廳院前的咖啡廳坐下吃東西，那時候就會脫嘴套，然後會挑一點我們點的、比較不鹹的食物給他吃。」

照護人：「嗯，那可以跟他說這跟那沒有關係嗎？」

我：「我剛剛跟他說，他回我：『就是會這樣啊！戴完嘴套就有好東西吃！』」

想一想，我們自己好像也是這樣吧，以為應該要導向A的做法，結果卻莫名奇妙地導向B，

因，是原始的本能、是飢餓。

我開始會固定放飼料在那邊，奇奇想吃便來。後來寒流來了，我試著放紙箱、毛毯在窗台，奇奇也就順勢住下了。

我們的半同居生活正式展開。

時序更迭來到年初，我聽到孱弱的喵喵叫，不大聲、反倒像老鼠叫。尋訪後，聲音是從奇奇的紙箱傳來的，稍微靠近才發現，原來我這幾個月，一直都在招待孕婦。

我恍然大悟：奇奇把我家當待產中心了。

我從自以為淡漠的同居人、瞬間升級為月子中心的熱心阿嫂。把一窩小貓搬進室內、奇奇也誘哄進家裡，四處搜尋照顧奶貓和母貓的資料，把家裡溫度調高，並找時間等奇奇準備好後、帶她去結紮。窗外冷冰冰的天，窗內熱烘烘地忙著，我儼然身負照顧全家的重責大任之感。

時間過得很快、小貓成長得更快，他們已經會在家裡飛竄狂奔，餓的時候叫得轟天響、累的時候彼此偎在一起睡到會打鼾。小貓親人，看到人就等於看到食物，追著討玩、討吃，但奇奇不然。

奇奇還是怕生、怕我。給她食物，要推進去、稍微走開她才吃，維持一貫的流浪貓習性。她待在家裡，卻像是特警部隊似的，走兩步躲一步，隨時都在找遮蔽物掩護自己的身形。

我總想著：再給她一點時間、再給她一點時間，她會習慣我的、她會適應的。但我想，正如天下所有的關係一樣，沒有什麼是可以勉強的。強討的也不甜。

也許是小貓們都已長大、不需奶了，或是奇奇很信任我這月子阿嫂的功力。又或是跟人類生活，對奇奇來說，真的太勉強了。有一天，奇奇趁我在陽台晾衣服的時候三步併兩步、逃獄了。

路線精準、速度飛快，我想她設計這個越獄路線已有一段時間，絕非偶然。看到奇奇在我身邊竄出，我嚇壞了，但她卻在走到一半時，回頭凝視我。

「妳決定好了嗎？妳真的要走嗎？」

「我希望這是妳認真思考後的決定。」

過程中，我多希望她回頭走進室內，彷彿一切都沒有發生過。

但奇奇沒有。

我記得凝視的最後一秒，我依稀感受到她的去意已決，我緩慢地說：「我只想要妳知道，這裡永遠為妳準備，只要妳想回來，這裡有妳的位子。」

奇奇聽完就離開了。

她走的當下，我的心像被擊垮般，哭得不能自己。哭了一陣後，我打起精神，因為，我可是被奇奇託孤的呀，她走了，奶貓們，就交給我吧！

窗外，我還是放著奇奇的食物。隔幾天，我驚喜地看到奇奇的身影出現，她來吃飯了。

奇奇還是在我的身邊，只是她選擇了最適合她與我的距離。我們回到了最初的關係與距離。

臨時的月子中心歇業了，現在是幼稚園托兒中心。她知道這邊是她溫暖的家，只是，她還是習慣在外面玩耍。

也許有些關係就是這樣的吧，只可遠觀不可強求，放彼此都舒服的距離，也讓我們都好過。

奇奇，在外面，餓了就回來喔。

PS.1　昨天跟朋友吃飯，聽到的故事，獲得同意後，遂用第一人稱寫出。

PS.2　奇奇已結紮。

從自己改變

如果說動物溝通帶給我什麼最大的哲理，那我想答案一定是：「與其要求別人改變不如自己先改變。」

也就是把主控權放在自己身上日子才會好過。

為什麼會有這番想法？其實是照護人給我的靈感。（苦笑）

許多照護人在動物溝通時，會提出許多（讓我內心很多ＯＳ的）請求諸如：

可以請他不要再亂翻垃圾桶嗎？（我ＯＳ：那你垃圾桶為什麼不收好或是換有蓋的垃圾桶？）

可以請他不要再偷吃我們桌上的剩菜嗎？那對他很不健康。（我ＯＳ：你食物不吃也不收好怪誰？）

可以請他不要再在我們吃飯的時候在旁邊討食嗎？（我ＯＳ：那是誰一開始餵他養成這個

習慣的？）

家裡廚房角落的蟑螂藥有毒，可以請他不要亂吃嗎？（我ＯＳ：我可以求求你放高一點收好嗎？）

毛小孩就像小孩子，小孩子亂爬亂吃東西，會怪誰呢？當然是大人沒收好沒看顧好啊～

同理，毛小孩亂爬（？）亂吃東西要怪誰？當然是照護人沒收好沒看顧好啊～

要求別人改變很簡單，但成效往往低，因為你控制不了別人。但如果反求諸己，自己先改變的話，往往局勢的改變迅速又有效喔，有機會的話還請諸君務必試試看呢～（日語官腔口吻）

不過像有些事情，是毛小孩真的「完全沒有」要改變的意願，那時就真的得要「靠人想辦法」來改善。像是奶油貴賓犬蹦蹦的症頭有兩個：不願意洗澡（會被美容師退貨那種）跟坐捷運或高鐵會高聲鬼叫。

先談不願意洗澡，當時一溝通她就說很煩很討厭～（無限跳針）

我說：「不管啊，一定要洗澡，那妳要給誰洗？家裡的爸爸姊姊還是外面的姊姊？」（我現在都走這種壞阿姨路線）（這是我從之前 Sake 溝通後學到的談判手段）

她說：「我想給家裡的人洗，如果一定要去外面的話，可以讓我看到他們嗎？看得到他們我會比較安心！可以配合！」

照護人整個嚇歪，因為原本以為照護人在旁邊狗會比較不安跟想撒嬌，所以都會刻意放下就走。她說：「好吧，那我們之後會選可以在外面等他讓他看到的寵物美容。」

之後照護人換了一家寵物咖啡廳附設、有透明櫥窗的寵物美容室後，蹦蹦可以透過透明玻璃看到在外等待的爸爸媽媽，果然安份很多。照護人那時回信還附上蹦蹦安份洗澡的照片跟我說：「蹦蹦在小春日和先洗洗看～目前看起來不錯！我會繼續觀察她的！謝謝妳！」

至於不願意坐車，蹦蹦就是給我非常浩克的情緒吼道：「我就很想出去很想出去很想出去很想出去啊！」（又無限跳針）

我：「欸，這個好像真的無法溝通誒，她就是給我很像浩克很想破車出去的感覺，整個精力炸裂。」

照護人：「是吼，那怎麼辦……我之後要帶她坐高鐵去高雄……」

我：「那你要不要就是從長計議，假設你高鐵是下午一點，你就從早上十點開始帶她出門散步之類的，狂累她、不准她睡！把她電力榨乾再上高鐵！」（完全跳脫溝通範圍，走土法煉鋼路線）

照護人：「好喔，這是個好主意……」

結果呢？結果超有用啊！

照護人後來回信：

Dear Leslie：

耶～我成功的帶蹦蹦去高雄坐高鐵玩回來了！使用累昏她的戰略～哈哈哈整天在公司就一直逼迫她不准睡覺，度估就叫起來（雖然有點於心不忍）。去的路途上，跟她起坐在車廂外的走道上，中途只有一點哀哀叫，不過安撫一下就好了。回程也是一樣 :）真的太感謝妳了！

所以啊，這就是我說的，與其想改變狗，有時候改變自己的做法，效果最快啊是不是～！（右手背拍左手心）

Q比是流氓

Q比有個症頭，就是當我在沙發上用電腦的時候，很愛來討摸。不摸就會不斷用頭撞我的手，搞到民不聊生。

以前跟她說：「現在不要、現在不行。」她有時候能明理走開，但有時候會繼續不斷一直用鼻子「兔」我的手，要我摸她。

後來我學乖了，她來討摸的時候會給她一根大肉乾，她就會帶著肉乾遠走他鄉，不管是找地方藏或是慢慢享受，我都可以爭取到不少打稿時間。

但是最近她意識到來討摸＝大肉乾，所以好聲好氣跟她曉以大義的時代已經結束，OVER！就是要有大肉乾她才會放過我。

現在想想，這根本就是收保護費的概念啊！Q比妳這個小流氓！

從養到照顧

最近一些事件讓我跟朋友聊到照顧毛小孩觀念的不同。

朋友說：「大家都覺得養毛小孩就是給水給飼料，但是真的要照顧是不一樣的，照顧是考慮到他的心情、看顧到他的毛髮耳朵肛門腺指甲、思考到他的活動力好奇心食慾是否正常，養是生理的，但照顧是全方位的。」（朋友沒有講得那麼細緻啦，但落落長一串整理精簡大致如此）

我也感覺，現在的大眾也可以粗略二分為兩派，就是「養狗養貓」跟「照顧毛小孩」。我們開始希望毛小孩參與我們的生活，帶他們去咖啡廳，旅行也一起，但是在這之間，還有很多需要學習的地方。

例如從寵物旅館來說好了。

我有個朋友經營可帶毛小孩入住包棟的民宿，一樓有一整間毛小孩專屬房，還有一個房間可跟毛小孩同房但不能上床。

二樓還有一間是給主人住的有露台的房型，如果毛小孩不會分離焦慮的話，主人就可以享受這個房型。（毛小孩不能上二樓）而且毛小孩入住完全沒有加收任何費用。

可是有一次，入住的人卻沒有好好約束毛小孩，退房的時候，朋友到現場一看，一樓二樓滿地是尿，整棟民宿都是尿味。

朋友整整花了五個小時打掃，還是消除不了尿味，牆腳家具腳全都擦過，拖把用過就丟，部分家具也要換新，完全一個得不償失。

例如從寵物咖啡廳來說好了。

公狗進咖啡廳要包禮貌帶，不知道禮貌帶的在此說明一下，就是一個像肚兜的布附有魔鬼沾能夠用尿布包覆公狗的生殖器。

一來防止亂尿尿造成的環境髒汙（尿會滲入地板或牆壁，無論是氣味或尿液都很難收拾）。

二來防止公狗騎母狗。

三來防止有些敏感的公狗如果雞雞被聞就會立刻抓狂開咬幹架發生流血事件。

但是很多客人一聽到要包禮貌帶都會說：「怎麼規矩這麼多？」或是「你開寵物咖啡廳就要有被尿的準備啊！」（不要懷疑就是會有這種回應）

或是「我家狗不會亂尿他很乖他結紮了。」然後一回頭立刻亂尿給你看就說：「啊是意外啦～」

我們開始接納毛小孩進入我們的生活，不像以前都把毛小孩關籠子或屋外，但是我們帶毛小孩進入公共場域以前，我們又是否已做好「基本的禮貌認知」？

1.自備禮貌帶，不在別人的室內空間隨地便溺，就算便溺也盡快處理。
2.有些寵物咖啡廳可以不用牽繩讓毛小孩趴趴造，請跟緊，毛小孩隨時容易挑釁其他毛小孩，鬥毆或被鬥毆，請看緊自己的毛小孩。
3.遵守寵物民宿或寵物咖啡廳的店內公約。
4.在高鐵或捷運等交通工具攜帶毛小孩時，確認毛小孩在背袋或提籠裡。我們喜歡毛小孩不代表別人一定也要一起喜歡，這是一種自私。請注意，有人是會對寵物毛屑過敏氣喘的，會致命的那種。
5.外出務必牽繩，保護自己的毛小孩也是保護別人的毛小孩。
6.散步時務必清理排泄物。

照顧毛小孩的觀念正起步，我們都還有很多要學習的地方，想讓大家喜歡我們的毛小孩、能去的地方越來越多，就先從自己做起，讓自己的毛小孩遵守規定，被人喜歡吧！

寫給 Wolfgane

這是我不清楚第幾次來看你，並且對著這棵大樹哭泣。

你走了以後，我們決定把你放在這棵樹下。我跟E去看過寵物墓園，對方說，選擇大樹的話得要跟其他貓狗撒在一起合葬，想要獨葬的話是這邊一顆十公分高的小植栽。「一年後吼，他們那個靈魂就不在了啦，這棵小樹就會讓別的寵物入住。」寵物墓園接待我們的阿姨說。

即使想選擇大樹，但那棵大樹也不是什麼風華正茂的靈氣大樹，而是顆感覺憋屈的暗晦樹木。「也許承擔了太多的情緒與靈氣吧。」我內心這樣暗想。

我與E不願讓你進靈堂供著、也不想讓你跟不認識的貓狗合住，正當我們煩惱的時候，緣分的牽引，帶我們找到一個好地方。

我說好地方那還真的就是好地方。那裡山青天藍，風大把大把的起，既豐厚又扎實，在那裡風是有顏色的，是帶點透明的蘋果綠。

一天午後風光明媚，我們帶著你驅車上山。E在偌大的庭園擇了一顆很大的樹，面西面山。

晴朗的時候，你可以看著萬里無雲。

下雨的時候，你可以看著朦朧起霧。

傍晚的時候，你可以看著夕陽西落。

晚上的時候，你可以看著月照高頭。

是個好地方啊，是不是？你喜歡嗎？Wolfgane？

E先奮力在大樹下挖了一個深深的圓坑。我則事先在家裡用色鉛筆畫了一朵蓮花，圓坑挖好後，我把畫了蓮花的紙先放在坑內，之後再用你的灰覆蓋其上。希望這朵蓮花承載著你去所有你想去的地方，成為所有你想成為的事物。願蓮花帶你到彼岸、領你到平與靜之地。

把土掩上以後，我雙手環抱著大樹，謝謝他接受你、照顧你，希望以後的日子，請他多多指教，守護著你。

E的身份敏感，所以我們之後聯絡得少，將你留在那兒後，我們幾乎分道揚鑣。

之後都是B帶我去找你。

B知道我想念你，用盡一切招數無法哄我眉開眼笑的他，遂一週又一週地帶我上山探望你。有一日，我們開車去找你的路上，車內一片寂靜，我托腮望著窗外，人在車內、心，不知道在哪裡。

B握著方向盤、語重心長地說：「我覺得妳是不是不該覺得，妳是去看Wolfgane？」

我：「為什麼？為什麼不行？」我回過神來尖聲回答，捆著安全帶的全身幾乎像刺蝟一樣刺起。

B：「如果妳覺得妳是去那裡看他，那Wolfgane就在那裡了。但Wolfgane不應該在那裡，他在他應該在的地方，他自由地在天地間。如果妳覺得妳是去看他，那他就一直都在那裡了。妳也不希望他就被鎖在那裡吧？是不是？」

我：「……」我好像感覺鼻子又開始酸了。

B：「我希望我開車帶妳去，是去那裡緬懷他，想著他的好。而不是去那裡哀嘆著、想著他在那棵樹下。」B眼睛直視前方開車，我看著他的側臉，這段話像是對我說、又像是自言自語的呢喃。

你在這裡，你又不在這裡。你應該在這裡，但你又不應該在這裡。到底是什麼意思，誰聽得懂在說什麼啊？我忿忿不平地扁著嘴沉默不語，內心卻被這樣的思緒塞滿著。

B看我沉默不接話，遂也打開車內音響，希望抵消一點窒息的沉默，放的是我那一陣子常指定要聽的，Cold Play 的〈yellow〉。

Your skin, Oh yeah your skin and bones.
Turn into something beautiful.
You know you know I love you so.
You know I love you so.

歌聲稀釋了沉默，平靜逐漸地注入我的心，我在無意識的時候睡著了，睜開眼睛時，就是我下車又來到這顆樹下的時候。

一週又一週地跟這棵大樹報到，我知道我放不下你的原因，實則來自歉疚。

你的狗生上半場，幾乎每天都有我的參與。但是最後這兩年，稀釋地只有半年一次。直到我最後一次見你，你病懨懨地，我都想著，會好的吧，會好的吧。

我沒有想過那會是最後一次。

如果我勇敢一點，多要求見你幾次，我們的緣分會不會不致這樣淺薄？我對自己有各種的愧責，我在你最脆弱的時候，因為各種顧慮，選擇在遠端照望你。

如果我知道我們的時間就這麼少，我會多珍惜一點。我會有機會就擁抱你，被你沾得滿臉口水、被你擦得滿身是毛。我會有機會就撫摸你，享受哈士奇特有的扎刺毛感。

人生沒有後悔藥、人生沒有早知道。而現在的我，是獨自在葬你的樹前，吹著風掉著眼淚思念你。而此時此刻對著樹哭泣的我，腦中迴盪著剛剛在車上B跟我說的，你在這裡又不在這裡。這句話像是詭異的幕後旁白飄逸在空氣中。

而事實上我知道，不管你的靈魂在或不在這裡，我都悲傷。

我想著我的悲傷，是因為我無法接受我失去你。

但失去的本質，來自擁有。

我想著，我不該一直想著我擁有著你，因為那是執念。

當我這樣想著的時候，有個聲音，跟我說：「放鬆」。這聲音虛無縹緲又似有若無。想知道聲音是哪裡來，卻又倏忽即逝。像是睡醒後回想剛剛的夢、越想越錯過。

像是用手掌拱起承掬河川的水、越撈越徒勞。

放鬆，Wolfgane，是你希望我放鬆嗎？你想要我放開你嗎？

我知道，唯有放鬆才能打開緊握的雙手，把自由還給你也還給我。

太過緊繃看待所有的存在，卻忽視陪伴的美好。

對所有的事情，都該放鬆吧？你是這個意思吧？Wolfgane。

享受曾經帶來給彼此的經驗，結束時祝福彼此。

不管什麼事情都放下掌控的慾望、放下抓緊一切的緊繃感。

順著這樣想後，只是一個瞬間，我改變想法了。我意識到眼淚也逐漸乾涸，眼睛沒有再製造新的淚水。

嘿 Wolfgane，我總是想著以後我們會再相遇，來鼓勵自己。
但現在，我甚至不會想要未來我們再相見。

因為我知道，見、不見，你都在那裡美好著。

我不願因為我的願望而侷限你的下一段靈魂旅程。
見亦好不見亦好。
因為從今而後我知道，
我不擁有你，你也不擁有我。
我們都是自由的靈魂。

forever love

Leslie

陪伴的任務

比熊犬豆拎，像Q比一樣，整隻狗圓呼呼的，是個一看到她就讓人開心的毛小孩。

問豆拎：「最喜歡去哪散步？」看到的是頗清晰的平坦大片柏油路，但奇怪的是沒看到車子，只有人在上面走動，旁邊則有大片草地。「我拔麻只會帶我走灰灰的這裡，不會走草地喔！」豆拎補充。

跟照護人確認以後，是家樓下的公園，平常最常帶豆拎去那邊散步，完全正確！

後來問豆拎：「最好的狗朋友是誰？」豆拎說：「常去的這邊，常會碰到一隻紅貴賓（傳影像），他沒有被牽著，會主動來找我玩，我最喜歡他！」

兩位照護人（夫妻檔）雙雙面僵，問：「我們很少在這裡遇到紅貴賓耶，啊，還是可以幫我們問，那個紅貴賓是活著的嗎？」（現場開始彌漫鬼影追追的氣氛）

「什麼活的死的？就是個很常來找我玩的狗啊！我很喜歡他欸！」豆拎不耐煩的回答我。

後來照護人又遞手機給我，畫面中是一隻可愛的紅貴賓笑咪咪的樣子，女生問：「那可以問豆拎是不是這隻嗎？」

「對啊對啊！就是他！」豆拎很肯定的回答。我傳遞以後補上但書：「豆拎說是這隻沒錯，但我覺得紅貴賓不都長一樣嗎……」

這時候照護人給我另一張紅貴賓的照片。我傳影像給豆拎後，豆拎有點語帶委屈地說：「這個很兇，都不讓我靠近不跟我玩。」

「看來是完全不同的紅貴賓。」我這樣下了結論。

「剛剛看的很兇的，是我媽媽家領養回來的紅貴賓，叫納豆，但是他說會來公園找他玩的紅貴賓，是我們家已經走一年半的嘎逼……而且，我們就把他葬在這個公園……」照護人已經語帶哽咽，眼睛泛紅。知道原來豆拎看到的狗狗，很有可能是照護人之前的寶貝，我改問豆拎：

「你有在家裡看過這隻狗狗嗎？」

「沒有耶，我只有在草地那邊看過！」

「你說那個狗狗沒有牽繩，那他旁邊有人嗎？」我想，沒牽繩的狗通常旁邊照護人會跟著吧？

「沒有啊，就只有他，他就是會跑來找我玩然後就跑走了。」

「那他都怎麼跟你玩？」我追問

「什麼意思？」豆拎有點不懂我的問題。

「就是他是跟你繞圈圈？還是對你叫？還是衝過來輕咬你？」我試著引導豆拎回答，希望能拿出更多細節，也許可以讓照護人對應記憶，想到哪隻「活生生的紅貴賓」。

「他不會叫喔！他就是會站起來，兩隻前腳跟我揮舞，然後就跑走了！」（很像小狗邀玩的拜拜姿勢）

我整理好細節以後轉達給照護人，他們說：「我們家的那隻紅貴賓，的確不太會叫……」

後來，我花了一點時間，跟照護人溝通，雖然不太確定豆拎是否真的有「陰陽眼」，也許有天我們真的會遇到一隻蹦蹦跳跳沒有牽繩的紅貴賓來找豆拎玩，但如果真的是嘎逼，也許有些心念上的懸念要割捨。

「我建議，找個時間，你們的心情輕鬆，天氣晴朗，到埋葬嘎逼的地方。」我喝一口熱茶，準備接下來的長篇話語。

「仔細畫一朵蓮花在紙上，再次埋在嘎逼葬的地方，並對嘎逼說：『最愛的嘎逼，謝謝你陪伴我們的旅程，跟你度過的日子非常快樂。希望這朵蓮花，可以送你去任何你想去的地方，成為你想成為的生命，蓮花會保護你，不受外力侵擾。』親愛的嘎逼，我們就在這裡說再見了。祝福你，邁向下一段旅程。嘎逼，再見。」

「其實不用句句字字都照我說的啦，你們可以有你們的告別詞，只是這是我現階段想的。」我看照護人雙雙沉默，追加但書。「不會，謝謝妳，我們近期就會去看嘎逼。謝謝妳。」照護人眼泛淚光著說。

我回家後，想了一陣子，那真的是嘎逼嗎？我一向不愛把動物溝通與鬼神混為一談，但這次，我自己也不知道答案。

恐怕要到哪天，真的有隻活蹦亂跳、不會吠叫的紅貴賓衝來找豆拎玩，才能解開我們心中的疑惑。如果真的是嘎逼，那我想他一定是非常捨不得吧，捨不得拔麻，捨不得新成員豆拎……但是揮開舊的才能邁向新的，割捨擁有的才能擁抱嶄新的，宇宙的運作一向如此。

「嘿，嘎逼，謝謝你會想到來找豆拎玩。我想跟你說，你陪伴拔麻的任務就交接給豆拎吧，接下來的旅程，你要靠自己走了。希望你一切都好，什麼都好。安心地邁向下一段旅程吧！」

人類最難溝通

「可以每天跟動物聊天，應該很開心吧？」溝通結束後，照護人語帶興奮地問我。

「嗯……這樣說好像也對，好像也不對。」我語帶保留地回答。

「什麼意思？」她好像很疑惑這樣的工作，怎麼會有不開心？

「其實相對於人來說，動物是絕對弱勢的一方，所以，你可以很明顯看到，人對於相對自己弱勢的一方，會怎麼隨心所欲的對待方式。」我盡量把內心很多的無奈用一句話說完。

「例如，很多人會威脅不聽話的毛小孩：『你再這樣我就要把你丟掉！』常常聽到這樣的話我都會心頭一刺，我心中甚至會想著，他是不是小時候也常常這樣被父母威脅，所以現在來威脅毛小孩。」

「例如，曾有個阿姨領養米克斯幼犬，但後來幼犬長到快一歲，又活潑又好動，導致常常晚上開門回家以後，要面對待收拾的廢墟。」

「其實幼犬精力旺盛好動，對身邊的環境充滿好奇興奮是很正常的，可是這對朝九晚五的上班族來說很麻煩，所以她就選擇出門時把狗關在籠子裡，等下班回家才把狗放出來。」

「這樣就延伸出很多問題，例如，狗的廁所是籠子，所以狗一旦放出籠子，就不願回籠子上廁所，因為怕又被關，所以很直接導致隨地便溺。」

「例如狗的腳因為長期壓在籠子鐵條上會痛，我提出問題後，阿姨說：『因為鋪地墊狗會吃掉。』那問題就是因為狗太無聊啊！方寸之間，不吃地墊要幹嘛？」

我看到對面的照護人，臉色開始凝重，我想她開始能理解我說的：「動物是弱勢的一方。」

「其實應該是早上出門前先帶狗散步一小時，消耗他的精力，然後家裡都收乾淨，盡量不要讓他有咬東西的機會。」

「關狗對她來說是最方便的做法，但卻是最傷害狗的做法。可是她沒有用別的方式消耗狗的精力跟好奇心，只想請動物溝通師：『叫狗不要愛咬愛鬧，要乖乖去定點大小便。』說實話我真的不知道我該怎麼叫一個一歲幼兒不要滿地亂爬跟把東西塞進嘴巴裡，這是天性啊，這個年紀就該這樣不是嗎？」

講著講著我情緒有點上來了，其實沒必要跟這個照護人說這麼多的，難為她了，要聽我的抱怨消化我的情緒。

「當然其他還有，因為家中有人懷孕，就把兩隻貓關在戶外籠長達一年。或是要幫忙溝通被遺棄在收容所的狗，再次相信人類，給人領養。」

好了，這下我把對面的照護人面色搞得非常凝重了，我想她今天一點都沒有要聽到這番職業黑暗面的意思。後來我嘗試講了些五四三，把話題帶開，講些他們家毛小孩的可愛任性話語，重新把氣氛養好，才彼此互道再見。

說到底，動物溝通這件事，快樂的動物有，悲傷的動物更多，動物溝通師面臨到各式各樣的故事，但其實，我們服務的不是動物，還是人類。

而人類，人類才是最棘手的部分。

我最愛的就是你

「把他留著，是為我，還是為他？」

我看著電腦螢幕上的字隱隱閃爍著，這一句話定格在我的眼簾我的腦海我的心，久久無法散去。

來信的是一個有禮謙和，但字裡行間仍掩飾不了著急的照護人，她說，她的貓名叫ㄚㄚ，17.5歲。

「其實ㄚㄚ現在已經癱軟了，獸醫師也早就建議（明示）我要考慮……安樂！現在天氣變冷了，ㄚㄚ變得比之前會抱怨。我不知道，他現在是不是比較不舒服？把他留著，是為我，還是為他？還是他努力留著，是為我好？但我也不願他辛苦！」

我永遠記得那天她抱著ㄚㄚ來到我面前，小心翼翼地，抱著像是全世界最珍貴的藝術珍品，用毛毯細細地包裹毛色略然褪去的黑波斯ㄚㄚ。

ㄚㄚ在毛毯裡面，眼睛似睜非閉，坦白說，那時溝通前，ㄚㄚ的狀況看來非常低落，我幾乎要貼近ㄚㄚ，側耳傾聽他的呼吸聲才能確定他的生命跡象。

我與ㄚㄚ的溝通，就是在這樣低迷的氣氛下展開。

「嗨，ㄚㄚ，你還好嗎？我現在可以跟你聊聊天嗎？」我盡量輕柔地放慢我的字句。

但剛開始聊天的ㄚㄚ有點對不上頻道，想說什麼就講什麼，畫面劈哩啪啦地亂飛，我有點難抓。

忽然間有隻黃貓定格，非常明顯。

「這是現在一起生活的貓咪嗎？」我輕聲問ㄚㄚ。

「不是，他已經走了，走很久。」ㄚㄚ簡短地這樣說。

「妳們家……有養過一隻黃貓嗎？」我立刻抬頭問身旁的照護人。

「有，是ㄚㄚ的爸爸，叫弟弟，不過已經走很久了。怎麼了？」照護人輕聲詢問。

「因為這是ㄚㄚ第一個給我看的畫面。」

「那、那該不會是弟弟來接他了吧……？」照護人語氣慌張。

「應該也不是，對不起因為現在畫面真的很亂，我再仔細詢問一下。」我有點抱歉地跟照護人說，覺得自己話沒問清楚就亂傳遞，有點不專業。

「你給我弟弟的畫面，是因為看到他來接你嗎？」我謹慎地跟ㄚㄚ做確認。

「不是，因為她（指照護人）最近一直跟我提弟弟，說會有光來接我、會看到有弟弟在那兒，因為她一直跟我提到弟弟，所以弟弟的樣子最近在我心裡很明顯。」ㄚㄚ好像終於頻道跟我調對了，清晰地回應。

啊，是嗎？不是來接你就好，希望你不要放不下，舒服地離開，但又希望再爭取一點時間，再一點時間。

「現在身體狀況還好嗎？」我先幫照護人詢問她最關心的。

「身體很不舒服，全身都不舒服。很累，好累好累好累，一直想睡覺。」ㄚㄚ表達的時候，換氣比較急促些。

坦白說，ㄚㄚ給我的疲累的感覺，像是全身上下的毛細孔都迸發出睏意的那種疲倦感，但這種主觀的感受，我藏著，沒跟照護人講，我怕講了，對她已經緊繃的情緒來說，壓力太大。

「我知道我的身體怎麼回事，只是我也不知道自己還有多久時間。」ㄚㄚ後來這樣回答我。

「我想要知道，ㄚㄚ還會想要這樣去醫院嗎？還是想要一直在家，不要再治療了？」我幾乎看到照護人眼中的淚光。

「其實我被移動真的很不舒服，因為醫生都會不斷把我的身體弄來弄去。」

照護人此時補充：「對……因為我之前都有帶他去針灸、溫灸。可是這個是必須每週回診拿藥的。」

「ㄚㄚ~我跟你說，去看醫生，這樣對你的身體比較好，吃藥以後，你不舒服的身體，也可以舒服一點，你可以接受嗎？」我嘗試說服ㄚㄚ對於看醫生坦然一些，就像哄小孩去看醫生一樣的甜暖語氣。

「妳幫我跟她說，我很愛她，我們家曾有過許多動物，但只有我最愛她。我只要她、只黏她。我會努力學習不要捨不得走，但我愛她，像她一樣愛我地愛她。」ㄚㄚ的語氣，幾乎是一口氣要把17年來的愛一次說盡，很簡單的字句，組合出的卻是很深很深的愛。

我如實轉達後，看到照護人幾乎泣不成聲。

我站起來去櫃檯拿了些衛生紙後放在照護人手邊，並盡量保持沉默地啜飲熱烏龍茶，希望可以給她和ㄚㄚ一些私人空間。

「我們家曾有過很多貓咪。」沉默一陣後，照護人略帶鼻音，突然開始說話。

「但他們一個個都先後離開了，ㄚㄚ是現在家中唯一還在的貓咪。」

「ㄚㄚ真的是所有的貓咪裡面，最愛我，最黏我的。ㄚㄚ是我親自接生來到這個世界上，他幾乎每天都黏著我，跟我在床上睡覺。所以現在面臨到這樣的狀況，真的……真的……真的不知道該怎麼幫他做決定才好。」我感受到照護人語音中的潰堤，所以不接話。轉頭繼續與ㄚㄚ對話。

「有時候我們會為了身體太難受的動物做一件事情，就是會打一針，而被打針的動物就會直接永遠地睡著了，不用再受苦痛。」我盡量把ㄚㄚ可以面臨到的選項簡單地說給他聽。

「永遠地睡著嗎？」ㄚㄚ問我。

「可能靈魂可以繼續旅程，但總之這個身體不會再使用了，也要跟使用這個身體時的家人說再見。啪！這樣一下子的，結束這個階段。」我嘗試把狀況說明給ㄚㄚ聽。

「所以是提早說再見嗎？」我開始覺得ㄚㄚ是隻很聰明的貓，他抓重點的速度甚至比我快。

「是的。」我果斷地回答。

「那我想，我還捨不得她，我想在她的身邊。我的身體還很難受沒錯，但我還不想看不到她。」ㄚㄚ緩慢地告訴我。

好，我會幫你轉達的。

「也請你幫我跟她說，如果可以，我想要在家裡離開，在有她的家裡，在我長大的家裡。我不想在家裡以外的地方離開這個世界。」ㄚㄚ叮囑著。

「好，我都會跟她說的。你累了嗎？是不是想休息了？」我注意到ㄚㄚ傳達訊息又開始像一開始一樣有點渙散，不是很集中。

「對，我太累了，我想休息了，請妳一定要幫我把我的想法跟她說，還有，妳剛剛有幫我跟她說我最愛的是她嗎？」

「有，我剛剛都說了，我也會把你的想法跟她說的。」

我回覆完ㄚㄚ後，他就自顧自地與我斷線了。

將ㄚㄚ的話轉達給照護人後，她說，其實她的想法，跟ㄚㄚ一樣：他不離，我不棄。

隔兩天後，我收到照護人的來信：

Dear Leslie：

謝謝妳，讓我們彼此有對話的機會。養過不少寵物，這一次是深刻到心底，或許也不敢再養了。

我想，對話，最有收穫的人是我。或許我們所做的一切都是為了繼續生存下去的人們，就像人類的死亡，告別式的舉辦，都是治療了還活著的人，謝謝妳擔起了這樣的角色。

人類的離別，有時有機會可以留下遺言。而毛小孩注定比主人短命，但卻沒有對話的機會。不管是不是主人附加了太多的擬人化，這些毛孩，真的都是心頭寶。一種完全付出、陪伴的給予，比談戀愛，還更多的付出。人與人之間，有時計較太多，有時付出太少。但毛孩，永遠不嫌棄、不離棄。

這次我想溝通，不是想告訴小丫丫，可以離開，是想小丫丫可以安心。他有善終，我才可以放下。我一直認為，我和小丫丫有很強烈的連結，這一輩子，是再也無法有任何取代了。是的，小丫丫還在。我們都還在不捨彼此之間作拉鋸。我想照顧、陪伴小丫丫到最後。相信他也想用盡一切力量陪伴我。希望這一切不是因為我的自私……

我跟小丫丫都很幸運。這一世，遇到了彼此，溫暖彼此。也謝謝身邊有這麼多人的幫忙，包含了妳。我都不敢想，沒有他之後的自己，會是什麼樣子。

祝妳一切都好。

再兩個月後，照護人回覆我，丫丫在一天凌晨早上，睡覺時離開了。應該是照著想要的離開的方式離開吧，我想。

丫丫，你是在充滿愛的情況下畢業的。

願你去飛，無拘無束，帶著大家的愛。

我愛你比愛自己多

（本篇由照護人貓兒Cecilia撰寫，並獲同意刊出）

「媽庥，每次都說是最後一口，結果都不是！後面都還有好幾口……」我的拉拉女兒小娃，這樣子跟前來幫助我們的「動物溝通師」Leslie抱怨著……

我噗嗤笑了出來：「誰叫妳不吃，媽庥只好連哄帶騙，希望妳多吃一點啊！」好啦！後來就改口：「快吃完了，還剩下一點點。」

這是動物溝通師Leslie第二次到我們家，前年11月也來幫助賓狗哥哥過。

上週六因為娃娃狀況不好，緊急帶去醫院，測了血壓和血容積比後，一下掉到只剩13％（正常狗狗為37～55％），可以想見，原本有50個人幫你攜帶氧氣，現在只有13個人幫你攜帶氧氣，她成天沒有力氣，站也站不起來。

「這需要輸血了，但是，腫瘤病患，輸血也沒多大意義，輸血的效果頂多維持一個多星期吧！要是造血功能不能恢復……」

這任性的小娃，她三個月大時，第一眼看到她，就愛上這個有著漆黑靈動大眼睛的小女孩。媽媽實在是沒有放棄的權利。我跟醫生說：再給她一次機會吧！於是找了血狗配對捐輸500c.c. 血，上回輸血是2月3日脾臟開刀的前一天。

昨天整天在醫院陪伴小娃輸血，想到 Leslie 在2月25日那個微涼有些許陽光的午後來時，這小妮子跟 Leslie 說的話……

「我媽媽半夜很容易醒喔，所以如果我半夜睡不著，我輕輕摳摳媽媽，媽媽就會醒來陪我了……」

「我喜歡媽媽晚上睡覺時抱著我的腳腳睡……這樣很舒服……」

「我喜歡媽媽這樣子摸我，從頭一直摸到腳……」

「我喜歡媽媽在廚房，廚房都會香香的……」

「我喜歡媽媽在家裡，媽媽會放音樂，我很習慣家裡面有音樂，叔叔（指排骨桑）都不會放……」

「我不喜歡一個人在家裡……」

輸血的點滴，從八秒一滴，慢慢進展到兩秒一滴。

隔壁隱隱傳來啜泣，排骨桑問了醫生，原來，隔壁有一隻黃金獵犬，淋巴瘤癌撐了三個月，當小天使去了，我，不忍與那紅紅的眼眶對望。

心裡清楚明白知道，不久之後，我也將如同隔壁那位女士，與自己心愛的小娃永遠分離，因為她也同樣是淋巴瘤。

請 Leslie 問問娃娃有沒有什麼地方不舒服，有沒有特別想去哪裡？

「就是心臟不舒服啊、胸口悶悶的，好累沒有力氣！」

「不會特別想去什麼地方啊，在這邊就很好了啊！」

結論：小娃，果真是個沒有什麼願望的小孩啊～～

請 Leslie 再幫忙問問：小娃為什麼不喜歡哈士奇？因為印象中，我不記得她和哈士奇有什麼不好的經驗。

小娃的回答出乎我意料之外：

「我不喜歡哈士奇，因為賓狗哥哥告訴我，他被哈士奇欺負過，所以我也不喜歡哈士奇！」

媽媽一聽，實在覺得太好笑了：這位小姐，你也未免太雞婆管太多了吧！！

（賓狗幼年期曾經被 KIKI 姊姊咬過，可能他把這段經歷跟娃娃說了，也讓娃娃連帶不喜歡哈士奇，每次見到哈士奇都非常非常激動）

媽媽：「妳為什麼現在都不親媽咪了？」

娃娃：「唉喲，妳親我就好了啊？我喜歡妳親我啊！」難怪這小孩現在都把臉湊過來要我親。

那，有什麼特別想吃的嗎？

娃娃：「不要，我現在就是不想吃東西。不要去醫院、不要吃東西。」

媽媽：「不行，一定得要吃東西，不吃東西怎麼行？」

娃娃：「那，我只要多吃一點點就好，只多吃一點點喔！」

媽媽：「一點點是多少？」

娃娃：「就是一點點啊！」

連 Leslie 都聽不下去了，吼，這孩子很撒嬌任性！

媽媽每天準備雞肉、羊肉、牛肉和鮭魚四種不同的鮮食，但是這小妮子，時吃時不吃，真的令媽媽傷透腦筋。

娃娃還說：「賓狗哥哥有回來過一次喔……我看到哥哥從門口進來，然後就又走了。」

「那很好啊，媽媽也放心了！」

輸血的速度加快了……變成一秒一滴。

500c.c. 的血，從早上十一點多開始捐輸，到晚上快八點才輸液完畢，結束後再做一次血檢，血容積比從13回升到19％，雖是數值依舊不是那麼好，至少，暫時可以放心。

去醫院前，為小娃準備了羊肉嚼片零食、一罐溫水。午餐和晚餐，小娃都吃醫院裡販售的「幼犬營養罐頭」，小妮子越來越返老還童，因為幼犬罐頭蛋白質比較高，而且非常香，小娃愛不釋口食慾高昂，連醫生都笑說：真是不可思議。

媽媽索性買了12罐和兩塊巴夫鮮食，另外也買了高單位的營養補給品，希望能幫助她的造血功能再度啟動。

排骨桑跟我都覺得：只要有一絲希望，我們就不要放棄，要是這次的狀況不好，我們也會希望快樂讓她度過這段時間，不會再進行任何治療（其實……根本什麼治療都還沒做……因為開刀的恢復期過後，血檢的結果都一直不好……），萬一這次的造血功能依舊不樂觀，就採取安寧治療伴她走完最後的一段。

輸完血後的小娃眼睛發亮，精神很好，看到隔壁結紮完的貓還想去追。完全不像病人哪！回家後，狼吞虎嚥吃完一大碗食物不說，還喝了一整瓶安素（高單位營養品）。

折騰了一天，我們抱小娃上床，安頓好她，為她蓋上一條毛巾被。

這小女兒，從三歲開始，就跟我們一起睡。每天不但最早睡，也睡我們中間，在她身體比較不舒服的時候，我每晚不知道醒來多少次，察看她的狀況。

Leslie 問她：「晚上睡覺會不會冷？」

她回答：「不會啊，很溫暖。」

我笑了，緊緊抱住我的小娃，親親她的額頭──因為妳是我的小寶貝貝。

是的，正如我的好朋友所說：我的確愛她比愛我自己多。

我不止一次祈禱：神啊，請再多給我一點時間，我不知道自己還能守護她多久，但我知道，我會盡最大的氣力，愛她、照顧她，包容她的小小任性、直到她與我們分離的那一天為止，這樣我才能安心，責任才算完了。

From Leslie：

我跟 Cecilia 是認識的，所以賓狗與小娃，我都是直接到她家作客，擔任傳遞心聲的橋樑。那天跟小娃聊完後，Cecilia 開車送我回家，路途上偶有塞車，我們走走停停，花了比平常多的時間在車內聊天，一下聊小娃的可愛任性、一下聊最近都給小娃做什麼料理，這一搭那一搭的胡聊。

不知怎麼了，一個紅燈空檔，像想到什麼似的，她忽然用極其溫柔的語氣和我說：「妳不要看我那麼那麼那麼愛小娃，其實我內心已經做好最壞的決定了。」

我沉默著沒說話。

因為我知道說出這句話的果敢有多堅毅，知道這句話聽起來有多溫柔、心裡就有多悲痛。

當我們決定與毛小孩生活，開啟與他同喜同悲的日子時，命運也正開始無情地倒數著我們要送他離開的時間。

曾經看過一句話說：「我們最難過的就是，發現即使自己拚盡了全力，也無法阻止世界傷害他。」雖然台詞是描寫父母對子女的愛，但我想，這也恰好說明了我們對照顧毛小孩晚年時的心情。

當最後的時刻來臨時，該做什麼決定，每個人心中都有一把尺。

一切只求盡力，沒有遺憾。

自由的意義

朋友Y豢養一隻虎斑貓叫小毛。

小毛原本是浪貓，Y在後門常備飼料與清水，小毛來久成習慣，一陣子後，也就登堂入室，從食客身份正式拿居留證轉為永久居民。後來Y買了新居，適合獨身女子的那種十來坪套房，室內設計師是本行的Y把新家打理得真是美輪美奐、雅致清幽。

小毛當然也就順勢一起住了過去成為新房客。新房子舊貓，善於適應環境的小毛立刻知道是自己新家，自在得不得了。

新居初落成那陣子，我常鬧著去Y家叨擾，三五女友，一些炒菜（朋友廚藝也佳！）再加上幾杯冰透透的白酒，場景十分像電視螢幕裡打著「愛自己」廣告，幾個女生聚在一起飲酒作樂的畫面。我想那陣子小毛應該看到我來就頭痛，因為那意味著整個夜晚的喧囂。

這是幾年前的事情了，那時我還沒有動物溝通這項技能，我每每去Y家，總看到小毛或坐或臥，睡得仰天翻肚，美不勝收（？）

「真羨慕小毛，我好想像他一樣，待在家裡哪裡都不用去。」鎮日被採訪工作整得七葷八素的我邊撫摸著小毛柔軟的皮毛邊感嘆。

Y卻眨著長睫毛的眼睛詫異地問：「為什麼會想要當小毛？」

「當小毛很好啊，整天吃飽睡睡飽吃，待在家裡喵喵叫就有好吃的，我好羨慕小毛好想當小毛。妳難道不想當小毛嗎～？」我把頭埋在小毛鬆鬆的肚皮裡，一口氣說出對小毛的羨慕嫉妒恨。

「我才不想當小毛勒，小毛哪裡都不能去，什麼都不能做。可是我哪裡都能去，什麼都能做。」Y朗聲說完後，給自己的空杯子又斟滿冰白酒。

「可是當小毛真的好好喔～～都不用面對無理客戶或老闆～～」我繼續趴在小毛的肥肚上耍賴。

「才不好勒，我比較想當我自己。」Y打趣反駁我，邊幫我倒冰透透的甜白酒。

事隔多年，其實我和Y因故幾乎沒有聯絡了，僅剩些FB的塗鴉牆update。

這幾年來，Y成立的室內設計事務所逐漸做大，她有才華、溝通能力強，穩紮穩打，取得響亮名聲我不意外，不僅陸續跟幾個跨國知名品牌合作，也覓得良人結婚了。

雖然甚少聯絡，但卻打從心底為她的發展與生活開心。

做動物溝通這兩年，不知為何，那個對「想不想當小毛」的對話，一直記在我心裡。

動物溝通時，時常聽好多狗跟我說：「整天困在家，好無聊，好想出去。」聽好多貓跟我說：「我一直叫是因為我好無聊，我快無聊爆了，你快叫她（指照護人）多陪我玩～！」

許多狗舔腳舔到紅腫、許多貓舔肚子舔到沒毛，有很多原因歸根究底都是無聊所致。不要小看無聊，人關在家裡，不給電腦手機電視書籍，光兩天就悶到發慌，更何況是一輩子。

是當動物溝通師這段日子，我才始得理解朋友那天說的：「我哪裡都能去，什麼都能做。」這句話真正的意涵。那就是自由啊，而只有自由才能領你成為你想成為的人，擁有你想擁有的生活。

豢養的衣食無憂固然讓人羨慕，但我想，現階段的我不會羨慕小毛了，因為自由對我的意義，也大於一切。

（但我冬天透早出門，看到在被窩睡爽爽的Q比，還是會羨慕嫉妒恨就是了）

（而且我還會無聊幼稚到把Q比搖醒再出門）

（這幾句補充毀了這篇文章）

遇到天使

前陣子開車上山的時候，對向車道有車子撞到狗，沒有緊急煞車，所以就這樣碾過去，肇事逃逸。狗慘叫淒烈，我忙叫開車的B靠邊停，我自己衝下車察看。

這時兩邊的車都先塞住了，靜止不動，但我看得到車上的人各個神情帶著不耐煩。激動得想哭，但還是先得做什麼。狗抽搐著、血淌著。

此時對向車道後面的一輛白色小客車走下一個中年伯伯，用台語說些：「啊～這沒救了啦！」「阿彌陀佛」。佛號落下的時候，我看到狗顫抖的身軀也逐漸靜止了。

「我想要至少幫他移到車道旁邊，不要這樣身體在道路上給車來回壓碾。」我都聽到自己聲音中的哭音。

「安捏喔～！厚！我去車上看看有什麼可以拿！」沒多久伯伯拿了一個好大的白色麻布袋來。

「來，我抬頭、妳抬腳，我們一起搬上去。」身體還溫溫的、黑色的皮毛手感乾澀，是帶點髒污雨水累積成的皮毛手感。

搬上布袋後，我跟伯伯正要一起把狗往車道邊移，一個年輕男子跟媽媽走過來了。聽伯伯跟年輕男生的對話，我推測出他們是肇事車主。

「阿彌陀佛阿彌陀佛」中年女子雙手合十邊默唸邊走來。

「沒關係，這個我來就好。」年輕男子蹲下來，我感受到他明顯想要搶點事情作來彌補內心的罪惡感，他跟伯伯一起把狗抬到旁邊。

「你不痛了喔，朝著頂上的光前進，那裡是你的皈依。願你感受到愛與光，願你無痛無牽無掛。」我在內心給狗狗的祝願剛落，此時，彷彿嫌事情不夠多一樣，B跑來跟我喊：「妳過來一下，我們車子卡山溝了。」我立馬手刀趕過去，看到車身的一半卡在山溝內動彈不得。

「啊～你們車上有千斤頂嗎？沒有喔！可是我小孩要趕著去上課，這樣好了啦我千斤頂借你們！你們到時候再放到山下的派出所還我就好！」趕過來關心我們站在一旁伯伯說。

「好的好的～！謝謝你喔！歹勢歹勢！」我跟B異口同聲，但天知道我們根本不知道千斤頂怎麼用，內心盤算著如果等一下還是沒轍，就要來估狗道路救援電話。

「你們這個叫道路救援很貴的啦！」伯伯好像有心通一樣把千斤頂遞給我們的時候說道。

「我看你們這個喔……」邊說伯伯邊低頭，接著趴伏在地上，檢查我們卡住的地方，翻弄一陣後，伯伯又手忙腳快的找了顆大石頭塞在卡在山溝中的後車輪下，要我們車往後開。

車子往上了。

接著他又去找了顆大石頭，再墊車輪下，要我們往前開。

我們重返道路了。

「謝謝謝謝，真的太謝謝你了！謝謝你！」我們口裡止不住的千恩萬謝。

「這樣就好了啦！下次再小心一點！」伯伯像大俠一樣上車，飛快地把車駛走。看得出來很明顯真的有趕時間。

一個小事件，同時看到人性的極惡與極美。電影《康斯坦丁》說，半天使就藏在我們周遭，當我們需要幫助的時候伸出援手。

我想我遇到天使了吧。

為喵喵奔走的一日

昨天晚上在臉書看到許多愛護動物人士瘋傳一張張貼「即將準備下毒毒貓」的鄰里告示，讓人憤怒又心急，稍微查詢一下，我驚訝地發現其張貼位置居然還在家附近。

因為就在家附近，所以我寢食難安，很擔心家附近那些認識已久的浪浪遭受毒手。知道對方已經觸犯動保法，所以我第一個念頭是找環保局報案。但報案的前提是知道貼告示的正確地點巷弄，不然怎麼報？遂隔天一早起床，就先在家四處的大街小巷穿梭奔走，並詢問路人。

沒想到不管怎麼走，走到鐵腿也找不到，氣喘吁吁的我只好先回家稍作休息。回家後意外看到朋友W也在臉書關心此事，故我們私訊交流後決定：她先製作動保法令宣導文案，之後我們帶文案到「毒貓告示」張貼處貼在旁邊，最後再到里長辦公室詢問里長後續處理方式，並約好我們騎腳踏車在公園會合、方便行動。

想、不、到！命運的吉他彈奏完全不如計畫。

我因為一起床就在忙這件事，一整天什麼都沒吃，搞得我跟W以及她男友S（車隊共三人）才騎腳踏車十分鐘（我懷疑有十分鐘嗎？），就整個人頭昏眼花、耳鳴眼黑。體力差得要死還要跟朋友一起組車隊尋找告示，我當下真的丟臉到好想在馬路鑽洞躲進去。（但當時無力到連把腳踏車架好都沒辦法，要鑽洞恐怕還要W幫忙）

人貴自知這點禮儀分寸我是有的，所以我像在雪山罹難不敢擔誤W一般，對他們大喊：「你們先走～～不要管我～～！我自己可以撐下去～!!」（沒辦法啊，因為W很關心我不好意思先離開，我只好嘶吼大喊。）

好啦是浮誇了點，但總之就是請W與S先自己行動，我之後如果有找到告示再跟他們聯繫。

好，所以弱雞如我此時正式落單。弱雞的內心計畫盤算是：先到便利商店買食物補充血糖並稍作休息→到里長辦公室詢問里長→了解張貼處位置並前往→去捷運站還YouBike。

到便利商店後，我挑了一盤水果跟一瓶水，坐在便利商店櫥窗補滿血條（跟血糖），看到便利商店門口常遇到的那隻愛撒嬌翻肚的乳牛貓。我遂前往跟他宣導：「最近除非認識的人餵你吃東西你再吃，其他地上的食物不要亂吃知不知道？」

乳牛貓：（一語不發翻肚呼嚕）

我：「我是說真的，最近真的很危險，除非是認識的人給你食物，其他都不能吃喔，會死掉！聽到就搖一下尾巴～！」

乳牛貓：（持續翻肚但尾巴搖晃兩下）

我：「我當你聽到了喔，最好再跟其他貓咪說知不知道～！」

乳牛貓：（不耐煩地直接離開）

我騎上 YouBike 離開便利商店（寫到這我覺得自己好像 RPG 遊戲主角要去打怪），經過一個防火巷，其中的一戶人家門口有放貓飼料跟水，看來是有長期在餵養浪貓的人家。我擔心他的飼料被人「加料」，所以直接按門鈴，希望可以提醒該戶主人。按了幾下門鈴，都沒人回應，我往旁邊繞，意外看到屋內的窗邊躺著兩隻貓，一隻白底虎斑貓、一隻虎斑貓。

虎斑在睡覺，所以我挑白底虎斑下手：「欸～家裡有沒有人在啊～！我找你們家大人～！」「有人在嗎？你跟我說有沒有人在就好～！」「到底有沒有人在啦！」我像跟堵牆說話一樣沒人理我。

白底虎斑斜眼瞪我兩分鐘後，才閒閒散散回我：「沒人啦，家裡都沒人。」講完以後就閉上眼睛繼續睡他的了。「傍晚回家前要再來這戶人家按一次門鈴提醒。」我在心中寫下這項待辦清單。

終於騎到里長辦公室，里長不在，接待我的是類似秘書助理的角色。（此時W訊息我說已找到張貼處）她說里長已經去報案了，今天辦公室電話幾乎被打爆。里長也很憤怒這個行為，環保局也已介入關切。對方態度非常善意，且直接騎機車引我去告示張貼的地方，告示已被拿下，取而代之的是W製作的動保法規宣傳文案。（註）

「這附近都是愛貓的人，大家都很恐慌，希望這人只是說說而已不會真的這樣做，監視器被動手腳，所以我們現在一下也查不到是誰，但我們都有報案了。」里長辦公室這樣回應。

告示拿下，文宣貼上，已通知里長。似乎今天的工作先告一段落了，離開告示張貼處後我正要去還 YouBike，突然一個念頭閃電霹過，我想到橘白貓馬林！馬林是我平常搭捷運時的路上總會經過的一間家飾店的店貓，每天經過那家店我都期待跟馬林打招呼，養他的阿姨用放養的形式照顧馬林，馬林也經常出去晃蕩一兩小時或一下午才回家。

「我要跟馬林說最近外面的食物不要吃，要立刻去跟他警告才行！」念頭一落，腳踏車立刻轉向、衝向家飾店。

一進門找到馬林，我就衝著馬林說：「最近不要吃外面的食物知不知道！會死掉！！」馬林：「為什麼～～～～喵～～～～～」（帶著驚恐又不敢相信的臉）

跟馬林一番雞同鴨講以後，我實在懷疑他聽進去的成份有幾成。因為實在太害怕馬林誤食毒藥，所以我之後直接跟照顧馬林的阿姨說明毒貓恐嚇的告示，並請阿姨最近不要讓馬林出門。

還完腳踏車，回程已是傍晚，走到防火巷內的家也再度按了門鈴也再度騷擾他家的貓咪（竟還在窗口睡！）那一戶人家還是沒回來。

「明天再去打擾一次好了。」回家的我內心這樣想著。希望所有的喵喵都平安，希望人類了解萬物都有權利存活於地球之上。

註：根據動物保護法第六條規定：任何人不得騷擾、虐待或傷害動物。故意使動物遭受傷害，致動物肢體嚴重殘缺、重要器官功能喪失或死亡。有違者可處一年以下有期徒刑或拘役，併科新臺幣十萬元以上，一百萬元以下罰金。

享受一起的生活

這幾天都和Q比一起待在家裡。

天氣太熱，所以不想出門，我們一起待在家裡，我看韓劇日劇，她玩玩具（或逼我陪她玩玩具）。玩累了，我們會倒在沙發上一起睡。

冰箱存糧很夠，所以不用出門採買。

Q比吃鮮食，我經常把她的鮮食煮好後再獨立出一個便當，作為我的部分存糧。

要吃時加熱並加鹽調味、或是混點醬料，就很好吃。先別緊張，雖然聽起來很像神經病，但實在是因為我幫Q比準備的菜色都非常豐盛。

例如花椰菜胡蘿蔔炒絞肉、番茄蛋炒糙米飯、番茄豬肉片混南瓜泥、彩椒熱炒牛肉絲這些都是常有菜色。

我對Q比好，也是對我自己好。因為我們是一體的。

那幾天，我跟Q比在一樣的空間，吃一樣的食物，喝一樣的水，呼吸一樣的空氣，享受一樣的呼吸頻率。

這段日子裡，我跟Q比的身體，可能有百分之七八十的組成成分是一樣的，沒辦法，我們呼吸一樣的空氣、吃一樣的食物、喝一樣的水呀。

這種各方面都一樣的同質性，不知道為什麼，讓我安心。

未來我跟Q比都必然地會走向衰敗，不，也許已經開始了也說不定，擁有彼此的日子也許並沒有想像中的多與豐富。

曾聽過寵物醫療講座，講師說：「毛小孩的壽命比我們想像中的要短，所以不要跟他們嘔氣，因為那太不值得了。」

我聊過貓的照護人，含著眼淚跟我說：「因為他的腎指數過高，所以要好好控制他的蛋白質攝取量，我知道他想吃的罐頭是哪個，但實在不能給。」

也聊過狗的照護人，不捨地跟我說：「他走得太突然，我曾經答應他要接他過來跟我一起到新家住，可是他卻沒有給我實現的機會。」

很多捨不得跟猝然跟遺憾的故事，我聽過太多太多。所以我決定要讓我跟Q比，在還能享受的時候，盡情享受。

拉查花，可以聊天嗎？

《白雪公主殺人事件》是日本名作家湊佳苗的作品。是本非常精彩的推理小說（亦有翻拍成電影），利用各個角色對嫌疑犯的描述作為敘述案件的方式，去拼湊出完整的劇情以及讀者對嫌疑犯的認識。

隨著記者因為要做電視節目，而一一循線去採訪嫌疑犯的工作同事、曖昧對象、高中同學、幼時玩伴、父母，嫌疑犯的面貌彷彿因此完整卻又彷彿更破碎拼不起全貌，因為隨者訪問對象對嫌疑犯的主觀立場不同，所以講出的嫌疑犯形象也各有極大差異。

是有點蒙太奇的拼貼概念，而台詞中特別有一句讓我記憶深刻：「人的記憶是會被修改塑造的，只會保留對自己無害的。」

欸，講得有點嚴肅，可是看完這部電影沒多久，就來到我與可愛三貓「拉查花」的約會聊天時間，後續的劇情發展，讓我覺得，嗯，很有這部電影的偵查色彩。（懸疑音樂響起）

拉查花是由白底虎斑長毛貓查理、黑白長毛貓拉拉、三花貓花花，組成的諧星團體（？）。照護人在粉絲團發表各種以「拉查花」為靈感的創作，可愛又讓人會心一笑。也算是我這個小粉絲公器私用朝聖的心態，和照護人約家訪，一償我想要親手揉摸三喵的宿願～

這次除了聊些吃喝拉撒的日常事外，其實還想要調停拉拉跟花花日常愛調戲（？）查理阿公的行為。

「其實平常生活都很好，沒有特別嚴重的事情要溝通，只是花花很愛監視查理，查理到哪裡他就會跟在旁邊看。拉拉就很愛去弄查理、搞得查理很生氣。所以查理雖然大部份時候都算自在，但有時候還是會躲在沙發下面之類的角落，想迴避他們兩個惡魔黨，我希望可以跟花花還有拉拉說不要那麼愛去弄查理～！」照護人大約敘述家裡目前的相處情況。

那以下，我就用記者採訪嫌疑犯的方式，記錄這場對話。（推眼境貌）

案件編號：804G（霸凌事件）
案件名稱：拉拉花花霸凌查理

【嫌疑犯1號口供，花花篇】

什麼監視查理啊，我哪有監視查理，因為他平常都很愛自己躲起來，所以難得看到他我就很好奇啊，想去看他在幹嘛。

而且查理好愛生氣喔，明明沒對他怎樣、我只是經過他而已，又沒幹嘛，這樣他也要生氣。

我跟你說，我平常跟我馬麻最好、我最黏馬麻，再來才是拉拉。拉拉都會跟我一起玩追來追去好棒喔～

蛤？什麼那查理呢？查理都躲起來啊，平常都看不到查理。

還有啊，查理很討厭跟我們一起擠，天氣冷的時候就我跟拉拉才會窩在一起睡覺。

喔對啊，很久以前我馬麻也有找過其他大姊姊（註：三年前照護人有找過別的溝通師服務）來跟我聊天，可是我不記得說過什麼了，哎呦，忘了啦我真的忘了啦，好像有問我愛不愛麻麻，其他我忘記了啦。

好啦，如果麻麻喜歡的話那我就盡量不要弄查理。可是是因為麻麻喜歡喔，我想讓麻麻開心，

什麼？可以當沒看到嗎？怎麼可能啊！查理那麼大我怎麼可能沒看到他。我會盡量不去弄查理啦，如果麻麻這樣會高興的話。

【嫌疑犯2號口供，拉拉篇】

我現在很少弄查理了好不好，而且以前查理咬我也很痛啊。對啦，是很久以前，可是真的就有啊。

那花花也會弄查理你為什麼不去罵她要來罵我。

什麼我為什麼那麼愛弄查理，就很好玩啊，我不弄他要幹嘛？我會很無聊欸。看查理被我逼到牆角鬼叫就很開心喔，這樣很好玩。

還有，有時候我根本只是經過查理，查理就對我哼哼哼的叫，我本來沒想打他的，看他這樣我就想打他。

妳一直找我講查理，我不想討論這個了啦～！（跳走）（跑去吃乾乾）

（冷場一陣）（終於呷霸願意回來現場）

我其實比較愛吃以前那個三角形的乾乾（照護人註：是之前餵的他牌，現在換比較適合拉拉年紀的），還有一種像乾乾的長方形零食，那個也很美味，但我很久沒吃。

真的嗎？會多給我吃只要我不弄查理？好啦，以後麻麻看得到的話我就不弄他。（敷衍口吻）

【記者現場筆記】

根據花花的口供，她似乎對查理沒有惡意，只是喜歡跟著觀察。

拉拉的口供則顯示他的確對查理有挑釁欺負的心態，還加碼提起八百年前的年幼往事，試圖為自己證明：「我只是以牙還牙」。

記者主觀感受認為，花花跟拉拉都有嘗試為自己脫罪的嫌疑，花花輕描淡寫、拉拉抬出往事，強化自己的霸凌動機。

最後，兩位嫌疑犯都共同提到一件事：查理阿公很愛生氣，只是經過也會生氣。

但記者推測查理阿公會這樣做，應該是因為長期被兩個惡魔黨惡整的後遺症，擔心經過就會被整所以養成先發制人的習慣。

查理本身怎麼看待拉拉花花，那就得繼續往下看查理的口供了。（盛竹如口吻）

【當事者口供，查理篇】

你問我對花花的感覺喔？不喜歡啊～！花花有時候會鑽到沙發下面來刻意弄我，這時候我會超氣，我覺得我都躲到這裡了妳還弄我幹嘛？不能放過我嗎？我整個會氣炸。（記者：有啦花花剛剛有答應說他以後不會弄你）

拜託～！她上次也跟另一個姊姊這樣說，我才不相信她！（照護人：對，上次花花真的有跟另一位溝通師承諾，天啊沒想到花花完全忘記，可是竟然記得的是查理。）

（查理沉默一陣消化情緒）

而且比起花花我更討厭拉拉，因為我知道花花是找我玩，但我跟拉拉常常會變成真的打起來，那種咬跟抓會痛我不喜歡，我會真的很氣很氣很生氣。他們兩個真的太討厭了。

還有剛剛我聽到花花說最愛麻麻，最愛麻麻的是我好不好～！可不可以晚上只有我進房間上床跟麻麻睡？通常我都會先上床，可是後來花花就會跳上床來跟我搶，我根本懶得跟她搶，然後我就會下去。再來拉拉也會上來、他喜歡睡床尾床邊邊。

很討厭耶，我希望我麻是我的，我不想跟他們分，我想要晚上只有我跟我麻一起睡在床上。

好了啦我不想講了。（往沙發裡面轉，整個背對我）

（完全靜音結束對話）

【記者現場筆記】

聽完查理阿公（被害人）的描述，我完全覺得拉拉跟花花剛剛在裝我肖欸啊～！花花說什麼自己只是好奇跟過去看看，明明整隻貓都跟到沙發下面去挑釁別人！

拉拉說什麼我只是經過查理他也愛生氣，明明自己都把別人咬到痛～！

我完全蓋章認証電影《白雪公主殺人事件》中的台詞：「人只會保留對自己有利的記憶。」這句話，而且我還要加碼補充，不只是人，貓也是！拉拉花花完全避重就輕啊～！

但既然拉拉花花都有給出（我覺得敷衍）的承諾，花花說為了麻麻開心可以不去弄查理。拉拉說麻麻如果會看到的話就不去弄查理。既然都有給出承諾了，也許給點時間觀察看看會不會好轉。

結果，你們說呢？以下是照護人的口供。

【照護人口供】

結果這陣子，坦白說，拉拉跟花花沒有改善……（歪腰）

我想真的像花花說的一樣，她覺得那不是監視吧，像她說的她只是好奇。拉拉也是一樣，時不時地就會去找查理。

之前曾找別的溝通師來說的也差不多，承諾的也一樣，結果三年後依舊本性不改。（苦笑）

哎呦，我想沒關係啦，既然查理說他最愛的是我，那我就多陪查理就好。

【結案】

拉拉有花花、花花有拉拉，但查理獲得麻麻更多的關注和愛，也算是另一種 Happy Ending 吧。

查理阿公，對不起我沒能幫助你打倒惡魔黨，還有，你真是先知灼見，你不相信花花是對的，事實證明，花花真的只是隨便講講敷衍說說而已啊～！（淚奔）

【給查理粉絲的附註】

平常生活其實沒有打得那麼嚴重民不聊生，這些霸凌事件還算是正常範圍內的家庭貓咪打鬧。當天我前去的時候，查理阿公還是有自在地出來吃飯、到窗台曬太陽。照護人只是希望可以盡量地讓查理阿公更開心地生活，所以有這樣的溝通訴求，請查理阿公的粉絲不用過度緊張擔憂喔～！

【其他溝通的有趣花絮】

花花：我麻之前都會把手伸進我嘴巴，超不舒服的，還好她現在不會這樣了。

照護人：就刷牙啊，她很討厭刷牙我知道。

我：那花花妳身體會不會哪裡不舒服？

花花：喔……就我這邊牙齒上面有一點刺……欸沒事啦，我沒事，妳不要跟我麻說喔。

我：欸，花花剛剛說！$＃@（完全據實以告），她還要我不要跟妳說。（花花對不起我出賣妳了）

照護人：是怕我帶她去看醫生吧（哈），花花牙齒不好，之前還有拔牙過，我會再帶她去檢查。

照護人：那花花吃飯可不可以嚼一下啊？她常常吃完飯會吐、吐的都是完整的飼料，都沒咬。

我：花花妳要咬一下乾乾再吃下去啊。

花花：有啊，我都有咬啊。

我：花花堅持她有咬。

照護人：哪有，她真的吐出來的都是很完整的飼料，原封不動。

我：花花妳麻說妳都沒咬。

花花：我明明就有咬！

（各說各話一陣亂吵）

我：好，我決定就是妳們都是對的，花花有咬只是沒咬好，那可能是牙齒的關係所以咬幾下就不咬了，然後所以吐出來是完整的乾乾，妳們都是對的，你們都別吵了。（公道婆模式ON）

以下擷取自拉查花粉絲專頁

查理篇

Leslie：記得以前流浪的時候嗎？

查理：喔，那時候我很餓很餓。

我：流浪的時候都沒有吃東西嗎？

查理：有時候會有人放在路邊的乾乾可以吃。

我：有被人或貓欺負嗎？

查理：有被其他貓追，我就盡量避開他們。

Leslie：應該是地盤的關係。

查理：後來走路走一走遇到麻麻，麻麻就把我帶回家。

我：不是查理自己來找我們的嗎？

查理：沒有啊，就走一走被麻麻帶走。

登！愣！

原來我記憶裡羅曼蒂克的相遇居然是個誤會啊！

花花篇

花：我喜歡躺在這裡（指繪圖板正中間），可是麻麻都會用力把我推走。（向 Leslie 告狀）

麻：是抱走吧！

花：是推走！很！用！力！

花妳很誇張欸！

（又是一陣亂吵）

然後 Leslie 一直在和事佬這樣。

拉拉篇

拉拉：我跟花花比較好，花花會跟我玩，我有時候會舔她，可是她不會舔我，我想要她也舔

我……

Leslie：那你可以跟她說啊！

拉拉：……我說過了……可是她不要……

（與 Leslie 對看……不知該如何安慰……）

因為之前自己幫花花洗澡，結果拉拉叫得比當事花還慘，所以問了一下……

Leslie：為什麼麻麻幫花花洗澡要一直叫？

拉拉：花花好可憐，可以放過她嗎？

Leslie：他們感覺是一搭一唱的，像是花花說「放～～開～～我～～～～」，拉拉就說「放～～開～～她～～～～」

哈哈哈哈，太感人了吧！

阿瑪，可以聊天嗎？

我一直都是黃阿瑪的小小粉絲，總在電腦前看著黃阿瑪的影片笑歪。一次因為其他的採訪工作，所以得幸去阿瑪宮殿朝聖，看到阿瑪後，小粉絲內心雀躍不已，之後才有機會跟狸貓與志銘（兩位貓奴），約訪下次動物溝通的時間。

當天其實後宮所有貓咪都有聊過一輪，但篇幅侷限，還是主要鎖定在分享黃阿瑪的溝通紀錄。

喜歡浣腸嗎？

我：嗨～！阿瑪，可以跟你聊天嗎？

阿瑪：妳要幹嘛啦？

我：就想跟你聊聊啊～你們家新來了一隻貓浣腸，你喜歡他嗎？

阿瑪：我覺得他超煩的，會一直不斷來弄我，還好有柚子搞定他，我們家就是柚子負責陪他玩。

狸貓：可是阿瑪你明明就會打浣腸。

阿瑪：因為我實在被煩到受不了了只好揍他啊，浣腸太煩了，如果他來弄我最好裝沒看到他，這樣子他才不會沒完沒了，如果浣腸一找你你就回應他，他會很煩欸，會覺得我要跟他玩，但我才不要。

阿瑪：他們（指貓奴們）之前也有帶一隻像浣腸一樣的小貓來住家裡，後來那隻貓就走了，跟他們說不要再搞小貓來家裡了，煩欸～！

狸貓：對……我們之前其實有收一隻還沒開眼的奶貓回家照顧，只是阿瑪說後來那隻貓離開家裡，其實是因為他真的走了……唉……

一直在叫是什麼意思？

我：阿瑪，我常常聽到你在叫欸，你叫都是什麼意思啊？

阿瑪：我就有時候討厭他們摸我啊，一直摸一直摸，我叫就是說：「不要再摸了啦！很煩欸！」可是有時候他們都不聽，還是一直摸一直摸，要摸到我跳走才停止。而且他們很愛挑我肚子戳，一直玩我肚子，很煩欸！

我：那阿瑪你幹嘛不一開始就走開？

阿瑪：我懶得動啊！

我：所以阿瑪你討厭被人摸嗎？

阿瑪：他們兩個（指狸貓跟志銘）還可以啦，但我不喜歡被陌生人摸，很煩欸。（註：我覺得很煩欸根本阿瑪口頭禪。）

我：那阿瑪他們有時候會帶你到一些奇怪的地方（傳攝影棚畫面），你會討厭去這些地方嗎？

阿瑪：我是覺得出門很煩，但還可以接受。可是我覺得最恐怖的外出經驗就是有一次他們帶三腳跟我一起出門！

我：為什麼？那次有什麼人對你怎樣嗎？

阿瑪：不是啊，三腳散發出好嚴重好恐怖的緊張的感覺，搞得我也跟著莫名緊張，那種緊張的感覺好像要發生什麼事情，可是明明就沒什麼啊，我被搞得很緊張還想說，這到底有什麼好怕的啦妳在怕什麼啦，煩欸！（又來了，又嫌煩）

對其他貓的感覺？

我：那阿瑪你對家裡其他貓的感覺是？

阿瑪：我最喜歡最喜歡的就是招弟，我覺得她很棒！其他貓我覺得都一樣。

我：真的嗎？你沒有特別討厭誰嗎？

阿瑪：嗯……我比較喜歡找嚕嚕打架喔。我有時候就想打別的貓，也沒有什麼原因，就想打想玩啊～！（註：阿瑪你根本胖虎）

可是有時候很想打嚕嚕，他們（指志銘跟狸貓）都會管很多盯很緊，我就會再揍別的貓。

我：那你幹嘛喜歡針對嚕嚕啦！

阿瑪：就習慣了啊～！我最常打架的對象就是嚕嚕、柚子還有三腳喔。有的時候也想找Socles，但是 Socles 根本打不到～！她看到我過去就會躲開了，根本摸不到她。

我：那阿瑪你不要愛找嚕嚕麻煩好不好～？

阿瑪：那我生活沒有什麼可以玩的了啊！（談判破裂）

來到這個家以前的生活？

我：阿瑪你記得來到這個家以前的生活嗎？

阿瑪：我以前有在別的家生活過喔，就是回他們家吃飯但我可以在外面走動，（註：應該是放養的形式），只是後來在外面生活，然後才到這個家。

我：那之前那個家對你好嗎？

阿瑪：如果我咬人或抓人，他們會用手打我的臉，我很討厭那樣。

我：那你現在在這個家，開心嗎？

阿瑪：很開心喔，有很多好吃的，可是我還是常常有點餓。

喜歡吃的食物

我：那阿瑪你喜歡吃什麼？

阿瑪：我喜歡一種粉紅色的肉。（看起來像是鮭魚或鮪魚副食罐）飼料的話都可以，但我特別喜歡一種圓圓中間有洞的飼料，但好久沒吃到了，那個真美味我好喜歡喔。

我：還有什麼嗎？

阿瑪：魚乾～！我超愛吃魚乾。可是你叫他（指狸貓）不要把魚乾掰成兩半好不好！我就超想吃了，還在那邊慢吞吞的掰成兩半幹嘛啦，我很急欸！

狸貓：那是因為有些小魚乾很大條……我怕阿瑪噎到駕崩，所以才先幫他掰開……（冤枉委屈口吻）

記得灰胖嗎？

我：阿瑪你記得這個籠子以前還有誰在裡面生活嗎？（指指旁邊的籠子）

阿瑪：你是說一個三花的母貓嘛？她好漂亮喔我很喜歡她～

狸貓&志銘：完全不知道阿瑪說什麼。

努力拼湊一陣五分鐘後。

狸貓：阿瑪是說這隻嗎？（遞手機）（手機螢幕是一隻很美的三花浪貓）

我：對，就是這隻，她誰啊？

狸貓：其實是用運輸籠帶阿瑪出門時曾碰過幾次的路邊三花浪貓小花，所以可能阿瑪誤會我們的問題了，以為是：「他關在籠子裡面時看過的動物。」

志銘：可以幫我問問看阿瑪記不記得這隻兔子嗎？他叫灰胖，以前跟阿瑪一起生活過、住在這個籠子裡。可以幫我問阿瑪是不是記得他嗎？

阿瑪：我不記得啊，這誰啊！我不知道啦不要問我。

我：阿瑪，你再認真看一下，你們一起生活過欸。

阿瑪：我不知道啦，灰胖在家裡走的時候我很難過，我不想談！

我：阿瑪說他不想談……

志銘：那時候狸貓不在工作室一陣子，所以都是我住工作室照顧阿瑪跟灰胖，那時候工作室也只有他們兩個動物。有一天晚上我剛進門，阿瑪就一直叫一直叫，我想阿瑪怎麼了，才看到灰胖倒在籠子裡。

阿瑪：（突然給我灰胖站起來打他的畫面）灰胖會打我喔，他有時候很兇會站起來打我，還會跺腳。但是後來，他都會跑來我面前、然後我就會追他，很好玩。

狸貓：對～～！灰胖真的會打阿瑪，那就是他們玩的方式……

我：阿瑪，灰胖離開，是不舒服一陣子還是突然離開的？

阿瑪：是突然的啊，他突然就走了。

狸貓&志銘：那時候真的是毫無預警的無預兆，那天晚上立刻送灰胖去急救，可是灰胖就走了……

我想灰胖是阿瑪心中不想多談及的傷痛回憶，所以後來我們也就聊別的話題，帶開了。

心中的自己

我：阿瑪你覺得你自己是怎麼樣的貓？

阿瑪：我覺得自己很棒，他們都邊摸我邊說：「阿瑪是好棒的貓～阿瑪好棒！」

我：那你會覺得自己很胖嗎？

阿瑪：我不覺得自己胖啊，我最討厭他們邊摸肚子跟捏我的肚子，邊說：『阿瑪你要減肥囉～』真的很煩欸～！

阿瑪的部分大約到這裡告一個段落，其他六貓，在這邊用Q&A紀錄。（在此也感謝貓奴狸貓跟志銘提供筆記）

【招弟】

對阿瑪的想法

我最喜歡阿瑪舔我了，整個家裡我最喜歡的就是阿瑪。可是不知道為什麼，阿瑪已經很久沒有舔我幫我梳毛了，有點難過。

（轉頭問阿瑪，阿瑪說招弟長大了，不需要照顧了。）

對浣腸的想法

我覺得浣腸咬得超痛的！我好幾次被他咬得很痛！還好有柚子幫忙照顧浣腸，這樣我就不用照顧浣腸了。柚子把他照顧得挺好的！

【嚕嚕】

對阿瑪的想法

我最喜歡黏著人、不喜歡貓，我剛來這個家的時候，覺得這個家好多貓、好恐怖喔！但現在就覺得習慣了也沒什麼。

只是阿瑪真的很恐怖，他常常會突然暴衝到我面前、突然停住嚇我，然後再對我吼叫，很恐怖欸，為什麼阿瑪要這樣突然來罵我？

而且啊～（很顯然提到阿瑪怨氣很多），我很羨慕阿瑪欸，為什麼常常只有阿瑪可以進去那個房間？（註：辦公室）

不能進去的房間

人都在那個房間，我也想進去那個房間，可是我進去沒多久一定會被他們抱出去，我也想待在那裡啊～

狸貓：因為你很喜歡咬塑膠袋，你每次咬塑膠袋我就會很緊張，很神經兮兮你在幹嘛？會不會吃塑膠袋？搞得沒辦法好好工作。

嚕嚕：那就不要管我就好了啊，你們可以去忙，我自己咬我的塑膠袋就好。

狸貓：我們真的很怕你吃下去，所以想要進來就不可以咬塑膠袋，只能乖乖待在我們旁邊。

嚕嚕：好啦，如果不咬塑膠袋就可以進去，我會改。

其他列點（感謝貓奴狸貓提供筆記）

- 覺得自己小時候就來後宮了（大誤）
- 左邊的後面牙齒覺得不太舒服（之前我們幫他刷牙時發現那邊真的有牙結石）。
- 常常覺得餓，尤其有時候半夜會被餓醒，想吃更多。
- 覺得柚子有時會跟他玩，有時也覺得他有點煩。
- 被溝通師稱讚很可愛時，表示自己很驚訝被稱讚，覺得通常沒有人會說他可愛。（健忘個性再度發作）
- 覺得自己現在剪指甲進步很多，認為自己很努力在忍耐著這件事。（明明前一天剪指甲才像要被殺死一樣……）
- 問他對浣腸的想法是：他年紀太小了，等他長大再說吧！
- 有時候會在軟軟的地方尿尿（註：沙發），因為覺得很舒服。（跟他說他這樣子我們會清得很痛苦，就會心情不好，就會忘記要餵他吃飯之後，嚕嚕表示：那我以後會改進。）
- 有時候被摸一摸就會想咬人，因為覺得喜歡。（像是接吻的概念）

【Socles】

對這個家的感覺

我住這個家的時間，比我待之前那個家的時間還要久。

剛來這個家的時候我簡直要被嚇死了，怎麼會那麼多貓！我很喜歡人，可是對其他貓總有點怕怕的，他們都好兇，我很怕跟他們太好的話以後一定會打架，而且打架的話、我一定會輸！所以乾脆不要跟他們走得太近。（未雨綢繆的概念來著）

對於後宮吃飯的想法

我：為什麼放飯的時候，有時候妳明明很餓卻還是掉頭就走、不跟大家一起吃？是怕飯被搶嗎？

Socles：不是～！他們吃飯的時候，都好吵好恐怖，而且三腳會一直打貓、吼貓，隨時都要打起來的感覺真是太恐怖了，所以即使很餓我也不想加入他們，好怕自己也被打到。（Socles給我的感覺，就像是去小吃店吃飯，遇到旁邊有人在鬥歐，雖然不關自己的事，但是誰還吃得下去呢～？）（右手背拍左手心）

其他列點

● 最近常在角落觀察浣腸跟大家的互動，覺得有趣。
● 覺得自己很美，因為別人都說她很美（表示開心）

【三腳】

關於受傷的前腳

我的腳，是忽然瞬間、被好大的怪物夾斷的！那時候真的很恐怖，我一點都不想回想。（推測是捕獸夾）

只是也已經很久了，我現在不會覺得有哪裡不方便、也習慣了。

對家中其他貓的感覺

我最喜歡阿瑪了，我喜歡靠在阿瑪旁邊、跟阿瑪一起睡的感覺。尤其是冷冷的時候、靠在阿瑪旁邊睡覺真的很舒服。我最討厭的貓就是嚕嚕，看到他就好想打他喔！

為何吃飯一直叫？

我很餓、很想吃呀～！想要叫他們統統都走開！不要在我旁邊繞來繞去的、看了很討厭耶！

【柚子】

對浣腸的想法

我非常非常非常喜歡浣腸～～！我太開心他來這個家了，終於有貓願意陪我玩了，之前都只能找阿瑪或是嚕嚕玩，可是他們也常常不理我，現在有浣腸陪我玩真是太好了，我可以每天都跟他一直玩～～～～

尿尿不要抬屁股好嗎？

我：你尿尿會抬屁股尿到盆外，可以屁股不要那麼高嗎？

柚子：我就很怕尿到自己的腳啊，所以才抬高一點，這樣才不會尿到。

（一番努力周旋後）

柚子：我就是很怕尿到自己腳啊，不然以後你們看到我

尿尿的時候可以提醒我一下。（覺得他根本敷衍）

【浣腸】

年紀太小無法溝通。

（註：建議毛小孩滿半歲以上再溝通比較適合）

來～跟毛小孩聊天2

最溫暖的情感在日常

作者 Leslie
繪者 Soupy 舒皮
裝幀設計 Misha
行銷業務 王綬晨、夏瑩芳、邱紹溢、張瓊瑜、李明瑾、郭其彬
主編 王辰元
企畫主編 賀郁文
總編輯 趙啟麟
發行人 蘇拾平
出版 啟動文化
台北市 105 松山區復興北路 333 號 11 樓之 4
電話：（02）2718-2001　傳真：（02）2718-1258
Email：onbooks@andbooks.com.tw
發行 大雁文化事業股份有限公司
台北市 105 松山區復興北路 333 號 11 樓之 4
24 小時傳真服務（02）2718-1258
Email：andbooks@andbooks.com.tw
劃撥帳號：19983379
戶名：大雁文化事業股份有限公司
香港發行 大雁（香港）出版基地・里人文化
地址：香港荃灣橫龍街 78 號正好工業大廈 22 樓 A 室
電話：852-24192288　傳真：852-24191887
Email：anyone@biznetvigator.com

初版一刷 2015 年 10 月
初版三刷 2018 年 6 月
定價 350 元
ISBN 978-986-91660-8-9

缺頁或破損請寄回更換
歡迎光臨大雁出版基地網站 www.andbooks.com.tw

國家圖書館出版品預行編目（CIP）資料

來 - 跟毛小孩聊天 . 2，最溫暖的情感在日常 / Leslie 著 . -
初版 . -- 臺北市：啟動文化出版：大雁文化發行，2015.10
面；　公分
ISBN 978-986-91660-8-9(平裝)

1. 動物心理學 2. 動物行為

383.7　　104017366

Leslie talks to animals

Leslie talks to animals

Leslie talks to animals

Leslie talks to animals

Leslie talks to animals
Leslie talks to animals
Leslie talks to animals
Leslie talks to animals
Leslie talks to animals
Leslie talks to animals

Leslie talks to animals
Leslie talks to animals
Leslie talks to animals
Leslie talks to animals
Leslie talks to animals
Leslie talks to animals

Leslie
talks to
animals
Leslie
talks to
animals